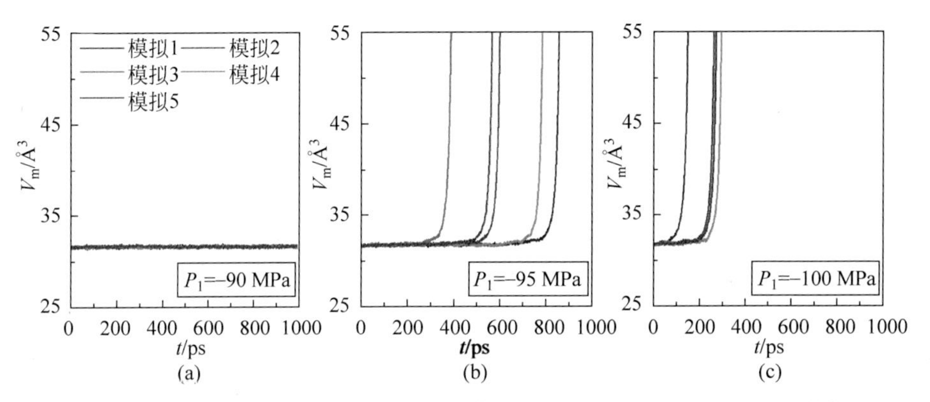

图 3.5　确定工况下体系中每个水分子所占体积在不同液体压强时随时间的变化

(a) −90 MPa;(b) −95 MPa; (c) −100 MPa

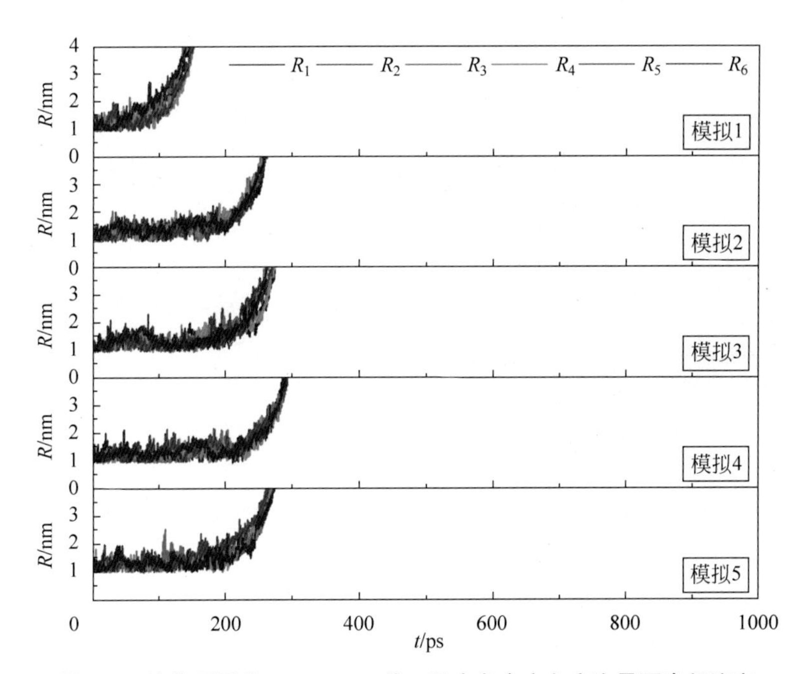

图 3.7　液体压强为−100 MPa的工况中各个方向空泡界面半径演变

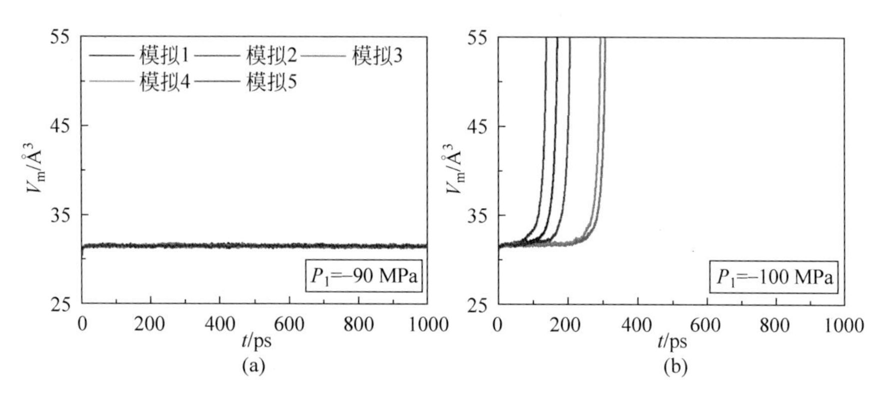

图 3.8　确定工况下体系中每个水分子所占体积在不同液体压强时随时间的演变

(a) −90 MPa；(b) −100 MPa

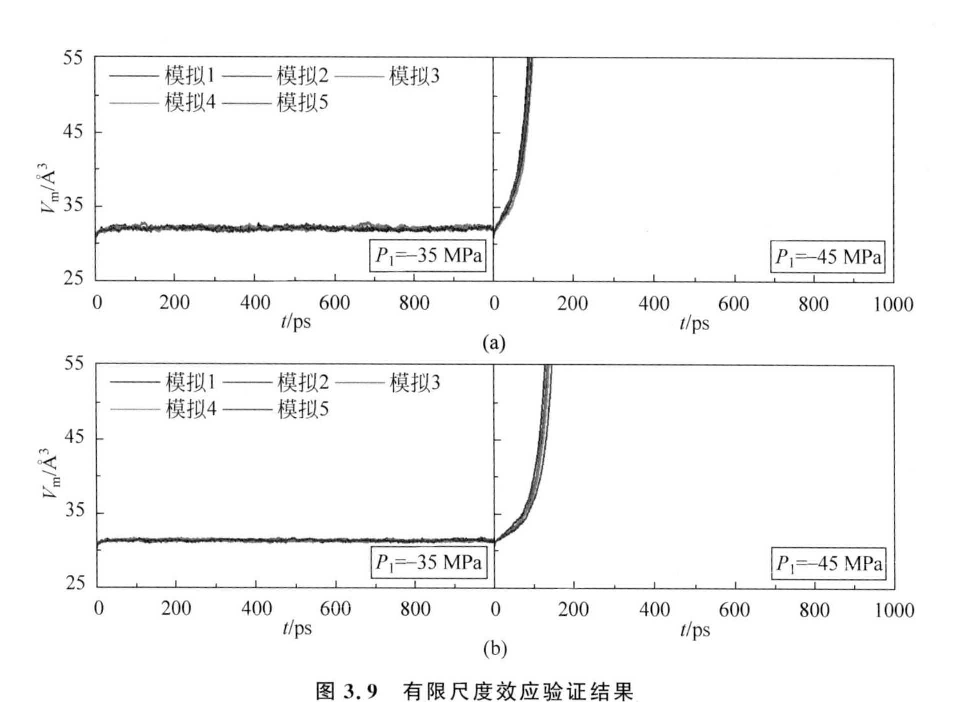

图 3.9　有限尺度效应验证结果

(a) 模拟体系尺寸 $L\approx8$ nm；(b) 模拟体系尺寸 $L\approx10$ nm

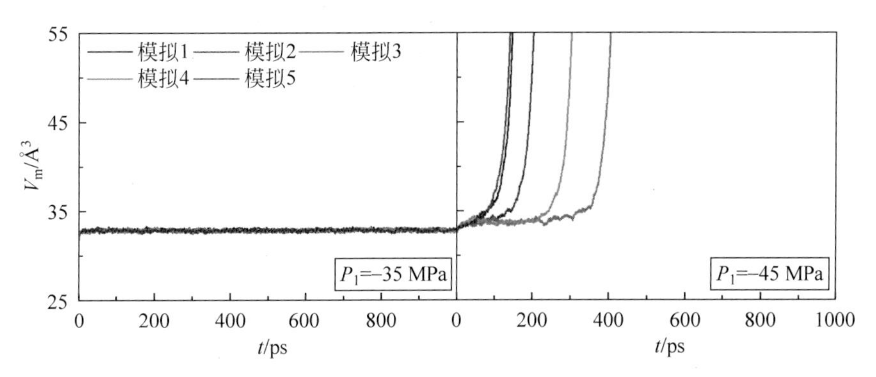

图 3.11 力场形成空穴代替固体颗粒的合理性验证结果

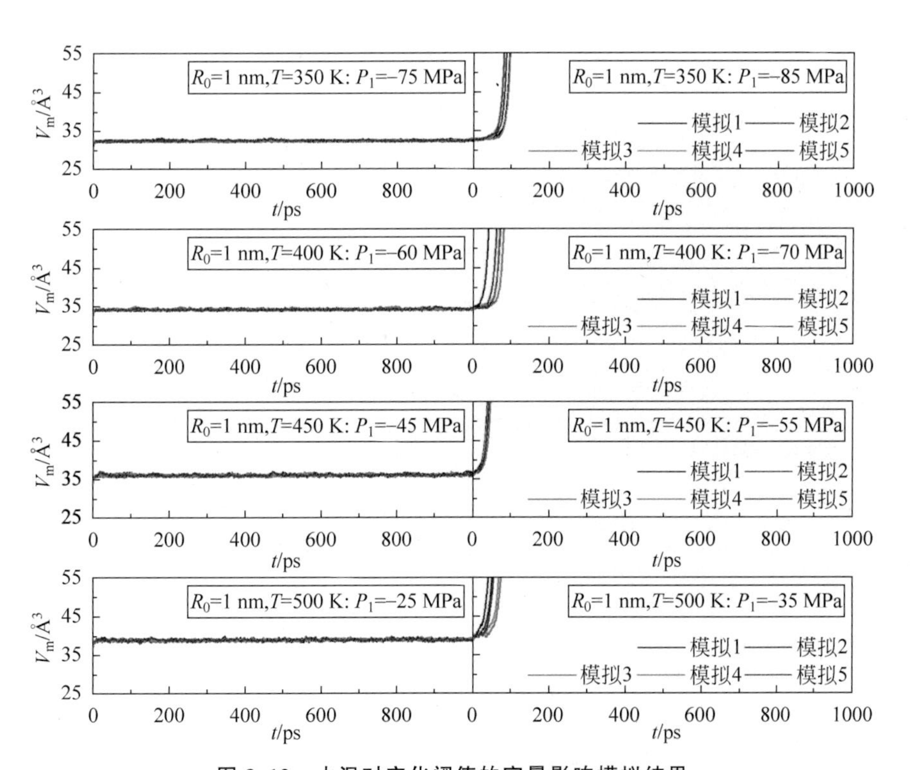

图 3.12 水温对空化阈值的定量影响模拟结果

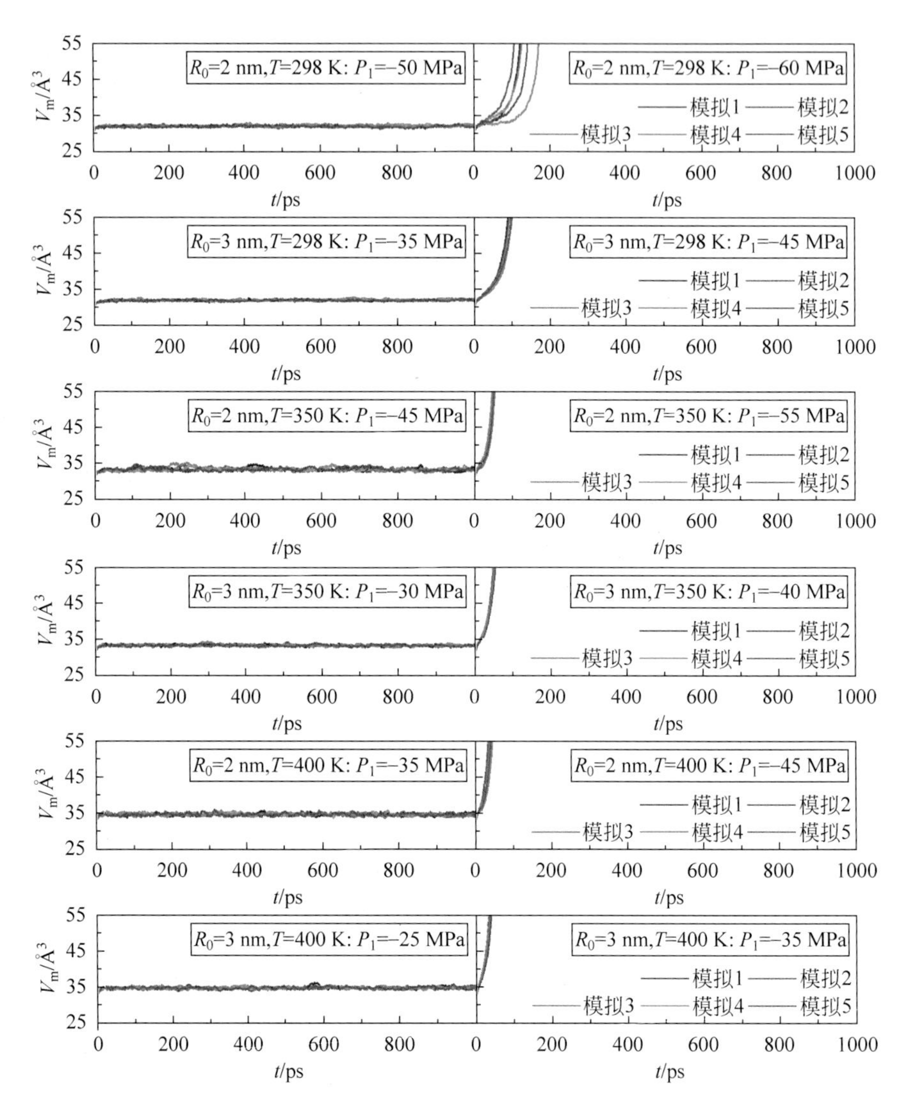

图 3.13　固体颗粒等效半径对空化阈值的定量影响模拟结果

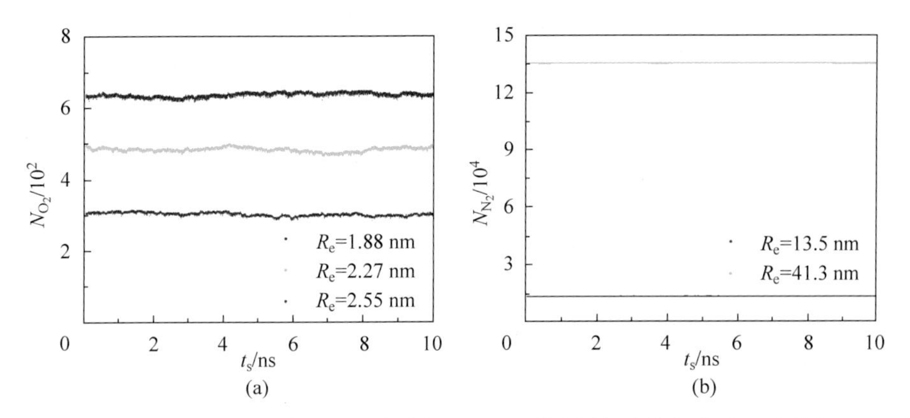

图 4.9　不同尺寸纳米气泡平衡状态下 10 ns 模拟期间所含气体分子数演变

(a) 全原子模拟工况；(b) 粗粒化模拟工况

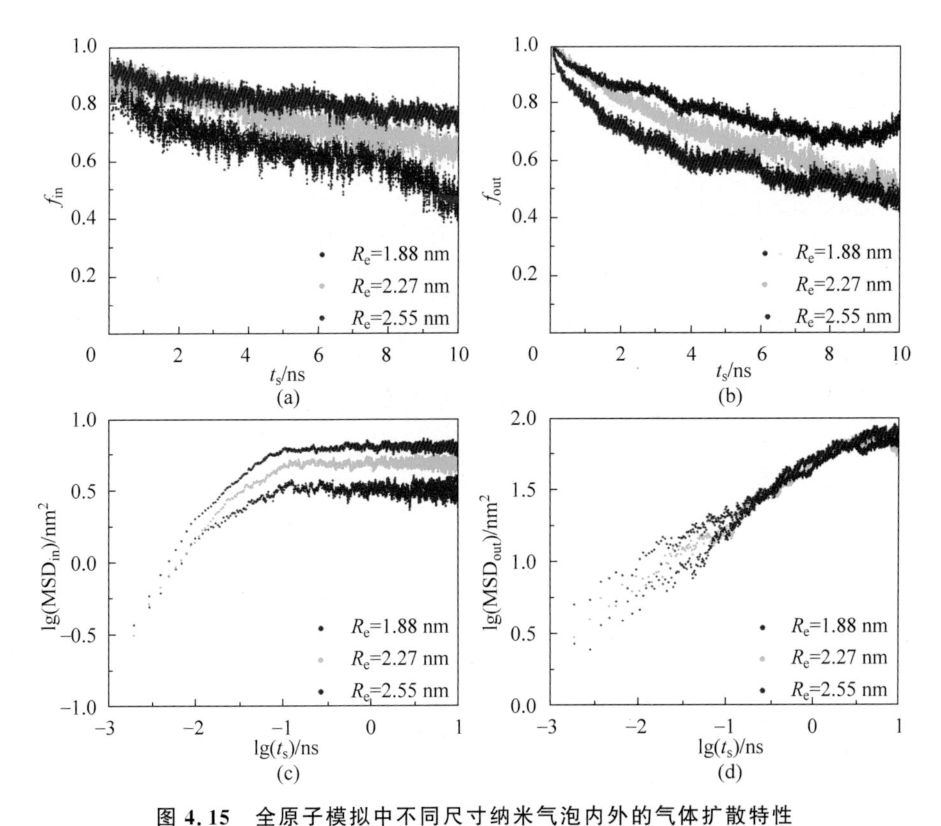

图 4.15　全原子模拟中不同尺寸纳米气泡内外的气体扩散特性

(a) 氧气分子仍留存在纳米气泡内的比例；(b) 氧气分子仍留存在纳米气泡外的比例；

(c) 纳米气泡内部氧气分子的均方位移；(d) 纳米气泡外部氧气分子的均方位移

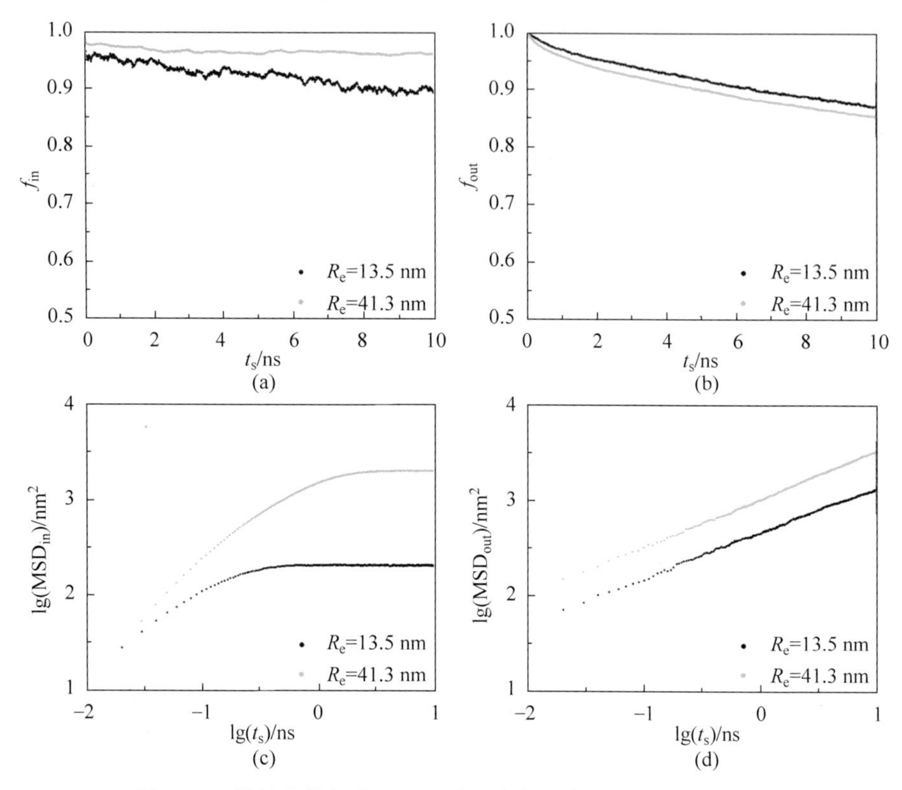

图 4.19 粗粒化模拟中不同尺寸纳米气泡内外的气体扩散特性

(a) 氮气分子仍留存在纳米气泡内的比例；(b) 氮气分子仍留存在纳米气泡外的比例；
(c) 纳米气泡内部氮气分子的均方位移；(d) 纳米气泡外部氮气分子的均方位移

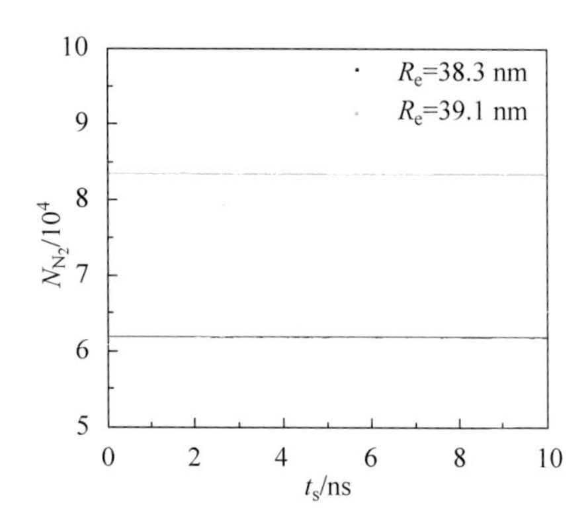

图 5.5 磷脂单分子层纳米气泡所含氮气分子数在平衡采样模拟期间内的演变

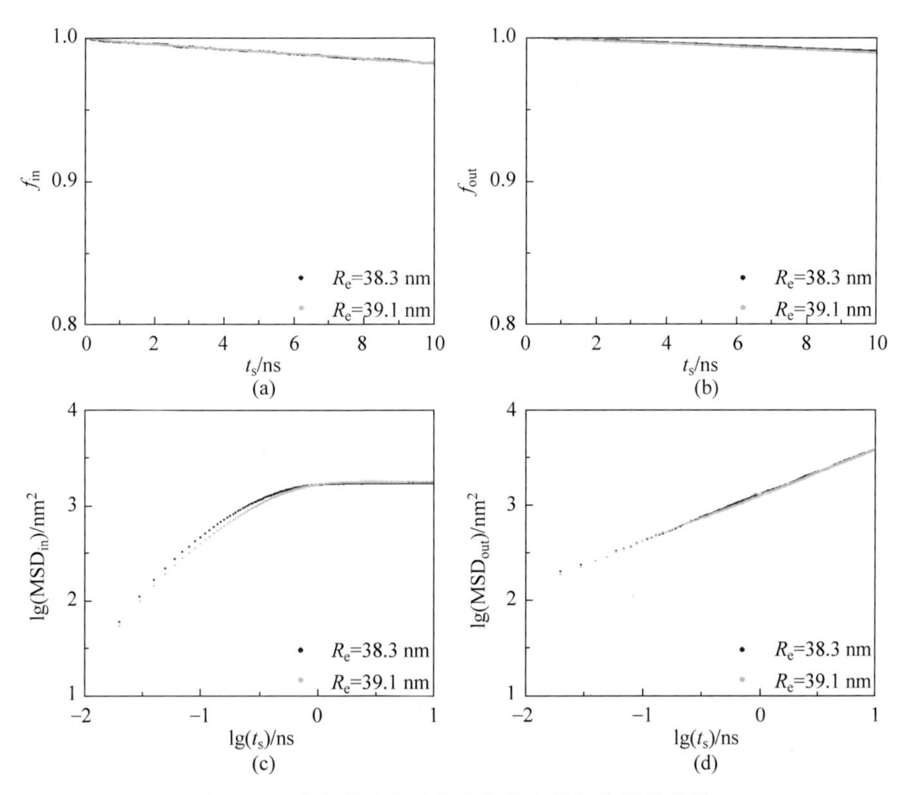

图 5.10　磷脂单分子层纳米气泡内外气体扩散特性

(a) 氮气分子仍留存在纳米气泡内的比例；(b) 氮气分子仍留存在纳米气泡外的比例；
(c) 纳米气泡内部氮气分子的均方位移；(d) 纳米气泡外部氮气分子的均方位移

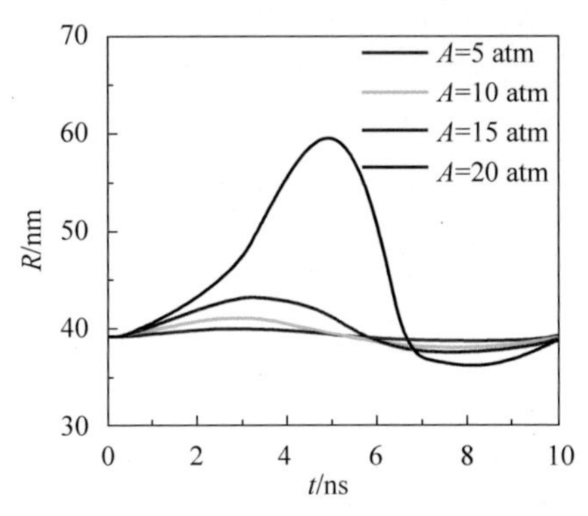

图 5.11　模拟所得磷脂单分子层纳米气泡在频率 100 MHz 而幅值不同的超声照射下的尺寸演变

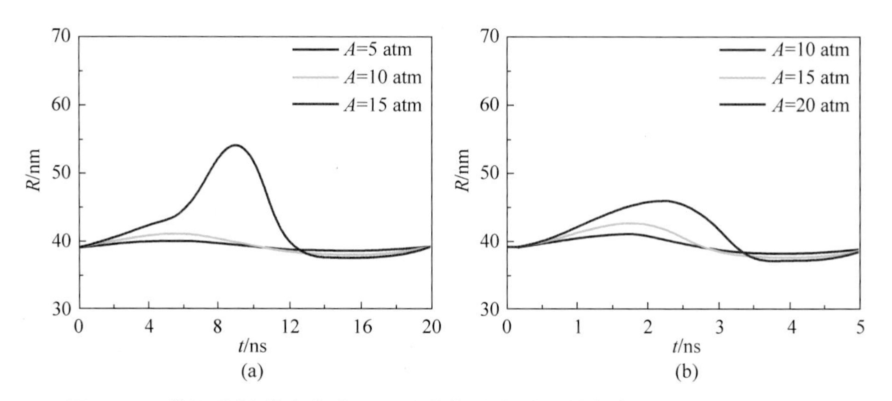

图 5.15　模拟所得磷脂单分子层纳米气泡在不同的超声照射下的尺寸演变

(a) $f=50$ MHz；(b) $f=200$ MHz

图 5.18　引入磷脂层非线性弹性的气泡动力学模型对超声幅值 A＝10 atm 工况的预测

(a) 气泡尺寸演变；(b) 无量纲切向应力分量演变

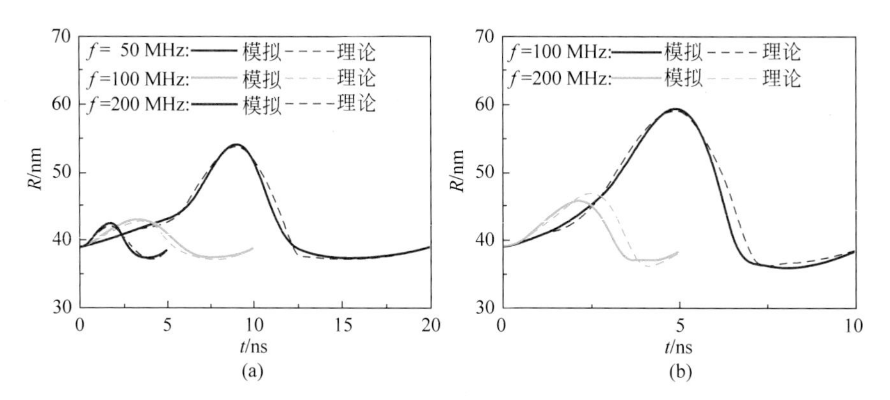

图 5.19　气泡动力学模型预测气泡尺寸演变与分子动力学模拟结果比较

(a) 超声幅值 $A=15$ atm 工况；(b) 超声幅值 $A=20$ atm 工况

清华大学优秀博士学位论文丛书

纳米空化核及其空化的理论与模拟研究

高瞻（Gao Zhan）著

Theoretical and Numerical Study on Nanoscale Cavitation Nuclei and Cavitation Phenomena

清華大學出版社
北 京

内 容 简 介

纳米尺度空化核及其空化现象既有重要的科学研究价值，也有广阔的应用前景，引起了国内外学术界和工业界的广泛关注。本书针对纳米尺度的空化初生、气泡稳定机制及气泡动力学的物理力学问题，采用分子动力学模拟与理论模型分析相结合的手段开展研究工作。

首先，针对含纳米颗粒液体的空化初生及其空化阈值问题，提出了等效空穴简化假设，改进了经典成核理论，揭示了纳米颗粒等效尺寸及液体物性对空化初生的影响机制；其次，针对悬浮纳米气泡的稳定性机制问题，开展了全原子模拟（气泡直径为数纳米）和粗粒化模拟（气泡直径约百纳米），揭示了不同尺寸气泡的物性，分析了纳米气泡平衡机制；最后，针对磷脂单层纳米气泡的稳态空化问题开展了粗粒化模拟，完善了气泡动力学模型并提高了预测精度。

本书适合对纳米尺度空化现象感兴趣的科研人员、工程师及研究生参考阅读。

图书在版编目（CIP）数据

纳米空化核及其空化的理论与模拟研究 / 高瞻著. -- 北京 ：清华大学出版社，2025. 3. --（清华大学优秀博士学位论文丛书）. -- ISBN 978-7-302-68286-8

Ⅰ. O362

中国国家版本馆 CIP 数据核字第 20252ZG054 号

责任编辑：程　洋
封面设计：傅瑞学
责任校对：薄军霞
责任印制：杨　艳

出版发行：清华大学出版社
网　　址：https://www.tup.com.cn，https://www.wqxuetang.com
地　　址：北京清华大学学研大厦 A 座　**邮　　编：**100084
社 总 机：010-83470000　**邮　　购：**010-62786544
投稿与读者服务：010-62776969，c-service@tup.tsinghua.edu.cn
质量反馈：010-62772015，zhiliang@tup.tsinghua.edu.cn
印 装 者：三河市东方印刷有限公司
经　　销：全国新华书店
开　　本：155mm×235mm　**印　张：**8.5　**插　页：**4　**字　　数：**154 千字
版　　次：2025 年 3 月第 1 版　**印　　次：**2025 年 3 月第 1 次印刷
定　　价：79.00 元

产品编号：107520-01

一流博士生教育
体现一流大学人才培养的高度（代丛书序）[①]

人才培养是大学的根本任务。只有培养出一流人才的高校，才能够成为世界一流大学。本科教育是培养一流人才最重要的基础，是一流大学的底色，体现了学校的传统和特色。博士生教育是学历教育的最高层次，体现出一所大学人才培养的高度，代表着一个国家的人才培养水平。清华大学正在全面推进综合改革，深化教育教学改革，探索建立完善的博士生选拔培养机制，不断提升博士生培养质量。

学术精神的培养是博士生教育的根本

学术精神是大学精神的重要组成部分，是学者与学术群体在学术活动中坚守的价值准则。大学对学术精神的追求，反映了一所大学对学术的重视、对真理的热爱和对功利性目标的摒弃。博士生教育要培养有志于追求学术的人，其根本在于学术精神的培养。

无论古今中外，博士这一称号都和学问、学术紧密联系在一起，和知识探索密切相关。我国的博士一词起源于2000多年前的战国时期，是一种学官名。博士任职者负责保管文献档案、编撰著述，须知识渊博并负有传授学问的职责。东汉学者应劭在《汉官仪》中写道："博者，通博古今；士者，辩于然否。"后来，人们逐渐把精通某种职业的专门人才称为博士。博士作为一种学位，最早产生于12世纪，最初它是加入教师行会的一种资格证书。19世纪初，德国柏林大学成立，其哲学院取代了以往神学院在大学中的地位，在大学发展的历史上首次产生了由哲学院授予的哲学博士学位，并赋予了哲学博士深层次的教育内涵，即推崇学术自由、创造新知识。哲学博士的设立标志着现代博士生教育的开端，博士则被定义为独立从事学术研究、具备创造新知识能力的人，是学术精神的传承者和光大者。

---

① 本文首发于《光明日报》，2017年12月5日。

博士生学习期间是培养学术精神最重要的阶段。博士生需要接受严谨的学术训练,开展深入的学术研究,并通过发表学术论文、参与学术活动及博士论文答辩等环节,证明自身的学术能力。更重要的是,博士生要培养学术志趣,把对学术的热爱融入生命之中,把捍卫真理作为毕生的追求。博士生更要学会如何面对干扰和诱惑,远离功利,保持安静、从容的心态。学术精神,特别是其中所蕴含的科学理性精神、学术奉献精神,不仅对博士生未来的学术事业至关重要,对博士生一生的发展都大有裨益。

独创性和批判性思维是博士生最重要的素质

博士生需要具备很多素质,包括逻辑推理、言语表达、沟通协作等,但是最重要的素质是独创性和批判性思维。

学术重视传承,但更看重突破和创新。博士生作为学术事业的后备力量,要立志于追求独创性。独创意味着独立和创造,没有独立精神,往往很难产生创造性的成果。1929 年 6 月 3 日,在清华大学国学院导师王国维逝世二周年之际,国学院师生为纪念这位杰出的学者,募款修造"海宁王静安先生纪念碑",同为国学院导师的陈寅恪先生撰写了碑铭,其中写道:"先生之著述,或有时而不章;先生之学说,或有时而可商;惟此独立之精神,自由之思想,历千万祀,与天壤而同久,共三光而永光。"这是对于一位学者的极高评价。中国著名的史学家、文学家司马迁所讲的"究天人之际,通古今之变,成一家之言"也是强调要在古今贯通中形成自己独立的见解,并努力达到新的高度。博士生应该以"独立之精神、自由之思想"来要求自己,不断创造新的学术成果。

诺贝尔物理学奖获得者杨振宁先生曾在 20 世纪 80 年代初对到访纽约州立大学石溪分校的 90 多名中国学生、学者提出:"独创性是科学工作者最重要的素质。"杨先生主张做研究的人一定要有独创的精神、独到的见解和独立研究的能力。在科技如此发达的今天,学术上的独创性变得越来越难,也愈加珍贵和重要。博士生要树立敢为天下先的志向,在独创性上下功夫,勇于挑战最前沿的科学问题。

批判性思维是一种遵循逻辑规则、不断质疑和反省的思维方式,具有批判性思维的人勇于挑战自己,敢于挑战权威。批判性思维的缺乏往往被认为是中国学生特有的弱项,也是我们在博士生培养方面存在的一个普遍问题。2001 年,美国卡内基基金会开展了一项"卡内基博士生教育创新计划",针对博士生教育进行调研,并发布了研究报告。该报告指出:在美国和欧洲,培养学生保持批判而质疑的眼光看待自己、同行和导师的观点同样非常不容易,批判性思维的培养必须成为博士生培养项目的组成部分。

对于博士生而言,批判性思维的养成要从如何面对权威开始。为了鼓励学生质疑学术权威、挑战现有学术范式,培养学生的挑战精神和创新能力,清华大学在2013年发起“巅峰对话”,由学生自主邀请各学科领域具有国际影响力的学术大师与清华学生同台对话。该活动迄今已经举办了21期,先后邀请17位诺贝尔奖、3位图灵奖、1位菲尔兹奖获得者参与对话。诺贝尔化学奖得主巴里·夏普莱斯(Barry Sharpless)在2013年11月来清华参加“巅峰对话”时,对于清华学生的质疑精神印象深刻。他在接受媒体采访时谈道:“清华的学生无所畏惧,请原谅我的措辞,但他们真的很有胆量。”这是我听到的对清华学生的最高评价,博士生就应该具备这样的勇气和能力。培养批判性思维更难的一层是要有勇气不断否定自己,有一种不断超越自己的精神。爱因斯坦说:“在真理的认识方面,任何以权威自居的人,必将在上帝的嬉笑中垮台。”这句名言应该成为每一位从事学术研究的博士生的箴言。

提高博士生培养质量有赖于构建全方位的博士生教育体系

一流的博士生教育要有一流的教育理念,需要构建全方位的教育体系,把教育理念落实到博士生培养的各个环节中。

在博士生选拔方面,不能简单按考分录取,而是要侧重评价学术志趣和创新潜力。知识结构固然重要,但学术志趣和创新潜力更关键,考分不能完全反映学生的学术潜质。清华大学在经过多年试点探索的基础上,于2016年开始全面实行博士生招生“申请-审核”制,从原来的按照考试分数招收博士生,转变为按科研创新能力、专业学术潜质招收,并给予院系、学科、导师更大的自主权。《清华大学“申请-审核”制实施办法》明晰了导师和院系在考核、遴选和推荐上的权力和职责,同时确定了规范的流程及监管要求。

在博士生指导教师资格确认方面,不能论资排辈,要更看重教师的学术活力及研究工作的前沿性。博士生教育质量的提升关键在于教师,要让更多、更优秀的教师参与到博士生教育中来。清华大学从2009年开始探索将博士生导师评定权下放到各学位评定分委员会,允许评聘一部分优秀副教授担任博士生导师。近年来,学校在推进教师人事制度改革过程中,明确教研系列助理教授可以独立指导博士生,让富有创造活力的青年教师指导优秀的青年学生,师生相互促进、共同成长。

在促进博士生交流方面，要努力突破学科领域的界限，注重搭建跨学科的平台。跨学科交流是激发博士生学术创造力的重要途径，博士生要努力提升在交叉学科领域开展科研工作的能力。清华大学于2014年创办了“微沙龙”平台，同学们可以通过微信平台随时发布学术话题，寻觅学术伙伴。3年来，博士生参与和发起“微沙龙”12 000多场，参与博士生达38 000多人次。“微沙龙”促进了不同学科学生之间的思想碰撞，激发了同学们的学术志趣。清华于2002年创办了博士生论坛，论坛由同学自己组织，师生共同参与。博士生论坛持续举办了500期，开展了18 000多场学术报告，切实起到了师生互动、教学相长、学科交融、促进交流的作用。学校积极资助博士生到世界一流大学开展交流与合作研究，超过60%的博士生有海外访学经历。清华于2011年设立了发展中国家博士生项目，鼓励学生到发展中国家亲身体验和调研，在全球化背景下研究发展中国家的各类问题。

在博士学位评定方面，权力要进一步下放，学术判断应该由各领域的学者来负责。院系二级学术单位应该在评定博士论文水平上拥有更多的权力，也应担负更多的责任。清华大学从2015年开始把学位论文的评审职责授权给各学位评定分委员会，学位论文质量和学位评审过程主要由各学位分委员会进行把关，校学位委员会负责学位管理整体工作，负责制度建设和争议事项处理。

全面提高人才培养能力是建设世界一流大学的核心。博士生培养质量的提升是大学办学质量提升的重要标志。我们要高度重视、充分发挥博士生教育的战略性、引领性作用，面向世界、勇于进取，树立自信、保持特色，不断推动一流大学的人才培养迈向新的高度。

邱勇

清华大学校长

2017年12月

丛书序二

以学术型人才培养为主的博士生教育，肩负着培养具有国际竞争力的高层次学术创新人才的重任，是国家发展战略的重要组成部分，是清华大学人才培养的重中之重。

作为首批设立研究生院的高校，清华大学自20世纪80年代初开始，立足国家和社会需要，结合校内实际情况，不断推动博士生教育改革。为了提供适宜博士生成长的学术环境，我校一方面不断地营造浓厚的学术氛围，一方面大力推动培养模式创新探索。我校从多年前就已开始运行一系列博士生培养专项基金和特色项目，激励博士生潜心学术、锐意创新，拓宽博士生的国际视野，倡导跨学科研究与交流，不断提升博士生培养质量。

博士生是最具创造力的学术研究新生力量，思维活跃，求真求实。他们在导师的指导下进入本领域研究前沿，吸取本领域最新的研究成果，拓宽人类的认知边界，不断取得创新性成果。这套优秀博士学位论文丛书，不仅是我校博士生研究工作前沿成果的体现，也是我校博士生学术精神传承和光大的体现。

这套丛书的每一篇论文均来自学校新近每年评选的校级优秀博士学位论文。为了鼓励创新，激励优秀的博士生脱颖而出，同时激励导师悉心指导，我校评选校级优秀博士学位论文已有20多年。评选出的优秀博士学位论文代表了我校各学科最优秀的博士学位论文的水平。为了传播优秀的博士学位论文成果，更好地推动学术交流与学科建设，促进博士生未来发展和成长，清华大学研究生院与清华大学出版社合作出版这些优秀的博士学位论文。

感谢清华大学出版社，悉心地为每位作者提供专业、细致的写作和出版指导，使这些博士论文以专著方式呈现在读者面前，促进了这些最新的优秀研究成果的快速广泛传播。相信本套丛书的出版可以为国内外各相关领域或交叉领域的在读研究生和科研人员提供有益的参考，为相关学科领域的发展和优秀科研成果的转化起到积极的推动作用。

感谢丛书作者的导师们。这些优秀的博士学位论文，从选题、研究到成文，离不开导师的精心指导。我校优秀的师生导学传统，成就了一项项优秀的研究成果，成就了一大批青年学者，也成就了清华的学术研究。感谢导师们为每篇论文精心撰写序言，帮助读者更好地理解论文。

感谢丛书的作者们。他们优秀的学术成果，连同鲜活的思想、创新的精神、严谨的学风，都为致力于学术研究的后来者树立了榜样。他们本着精益求精的精神，对论文进行了细致的修改完善，使之在具备科学性、前沿性的同时，更具系统性和可读性。

这套丛书涵盖清华众多学科，从论文的选题能够感受到作者们积极参与国家重大战略、社会发展问题、新兴产业创新等的研究热情，能够感受到作者们的国际视野和人文情怀。相信这些年轻作者们勇于承担学术创新重任的社会责任感能够感染和带动越来越多的博士生，将论文书写在祖国的大地上。

祝愿丛书的作者们、读者们和所有从事学术研究的同行们在未来的道路上坚持梦想，百折不挠！在服务国家、奉献社会和造福人类的事业中不断创新，做新时代的引领者。

相信每一位读者在阅读这一本本学术著作的时候，在吸取学术创新成果、享受学术之美的同时，能够将其中所蕴含的科学理性精神和学术奉献精神传播和发扬出去。

清华大学研究生院院长

2018年1月5日

导师序言

空化是经典物理学问题，也一直被认为是流体工程领域的科技难题。空化具有两面性——破坏性和可利用性。在流体工程领域，由于空化导致诸多装置发生致命性破坏，如水下推进螺旋桨、液态火箭发动机涡轮泵以及航空发动机的燃油泵，出现这些破坏性行为多是因为对极端或者严苛条件下发生空化的机理认识不够深刻从而导致设计不合理或存在缺陷。在医学工程领域，人们则利用空化实现了一些疾病治疗或药物精准释放，例如超声波碎石空化等。之所以能够充分利用空化，是因为工程师对空化微观机理的持续深刻理解，并实现了对空化的有效调控。

在空化问题中，空化初生是更具有挑战性的难题。我的博士生高瞻致力于该问题的研究，从微观尺度展现并阐释更加丰富的空化物理。因此，我非常高兴地向各位读者介绍并推荐这本由高瞻博士所撰写的著作，它深入细致地探讨了纳米尺度空化核及相应空化现象。这本书不仅是作者辛勤研究的结晶，更是对纳米世界精彩探索的见证，为相关学术和应用领域带来了新的思考。

从物理力学的角度出发，本书运用了分子动力学模拟与理论模型相结合的研究方法，审视了纳米尺度的空化初生、气泡稳定机制及气泡动力学的诸多问题。作者不仅改进了经典成核理论，揭示了纳米颗粒对空化初生的影响机制，还从不同尺寸纳米气泡的物性出发，揭示了悬浮纳米气泡的稳定性机制，针对磷脂单层纳米气泡的稳态空化问题也进一步完善了相应的气泡动力学模型。

作者以严谨的科学态度揭示了纳米气泡世界的微妙之处，正如一幅微观世界的“画卷”在读者面前展现。这些研究成果不仅丰富了我们对纳米尺度空化现象的认识，更为纳米科技领域的发展开辟了新的思路和方向。

我衷心希望这本书能够引起广大读者的兴趣和关注，成为他们探索知识海洋的"指南针"，激发更多年轻学者的研究热情，共同致力于推动科学的进步。

王　兵
清华大学航天航空学院

摘　要

纳米尺度空化核及其空化现象既有重要的科学研究价值也有广阔的应用前景，引起了国内外学术界和工业界的广泛关注。本书针对纳米尺度的空化初生、气泡稳定机制及气泡动力学的物理力学问题，采用分子动力学模拟与理论模型分析相结合的手段开展研究工作。

首先，针对含纳米颗粒液体的空化初生及其空化阈值问题，提出了等效空穴简化假设，改进了经典成核理论，揭示了纳米颗粒等效尺寸及液体物性对空化初生的影响机制。研究发现，等效半径约 5 nm 的纳米固体颗粒即可把纯水空化阈值降低至约 −30 MPa，从而解释了以往实验所得空化阈值和理论预测的巨大偏差。颗粒等效尺寸越大，液体温度越高，则空化阈值越低。对颗粒等效半径 1～3 nm、水温 298～500 K 的工况开展了空化初生模拟，所得空化阈值与理论预测吻合良好（相对偏差低于 5%），从而验证了本书理论模型的正确性。

其次，针对悬浮纳米气泡的稳定性机制问题，开展了全原子模拟（气泡直径数纳米）和粗粒化模拟（气泡直径约百纳米），揭示了不同尺寸气泡的物性，包括内部密度和压强、表面电荷量、界面氢键、水环境溶解气体含量，以及气体扩散特性。基于上述特性，分析了纳米气泡平衡机制：气泡外水环境溶解气体过饱和是气泡平衡的必要条件。提出了纳米气泡稳定性判据：气泡内部的气体分子数量应超过溶解于水中的气体分子数量的一半。

最后，针对磷脂单层纳米气泡的稳态空化问题，开展了粗粒化模拟，完善了气泡动力学模型。二棕榈酰磷脂酰胆碱（DPPC）分子层只能部分抵消表面张力，故而气泡内部有着较高的压强（1 MPa 量级）和密度（10 kg·m^{-3} 量级），气泡水环境溶解气体也为过饱和状态。由于内部气体的高密度，磷脂单层纳米气泡的稳态空化没有“只收缩行为”。在低强度超声下，气泡振动幅度与超声频率无关；在高强度超声下，气泡的大幅膨胀导致磷脂层内部发生破裂，且气泡振动幅度随着超声频率的减小而增大。随着气泡振幅增大，对气泡动力学模型引入磷脂层“应变软化”的非线性弹性修正；在磷脂层破裂后，则进一步考虑磷脂层内应变弛豫过程修正等效表面张力，从而完善了气泡动力学模型并提高了预测精度。

关键词：纳米空化核；空化初生；稳定机制；气泡动力学

Abstract

Nanoscale cavitation nuclei and related cavitation phenomena have attracted extensive research interest due to their broad application prospects. In the present study, nanoscale cavitation inception, nanobubble stability, and nanoscale bubble dynamics are studied via molecular dynamics (MD) simulations and theoretical model analysis.

Firstly, we studied the cavitation inception from suspended nanoparticles. The present model is developed based on the classical nucleation theory (CNT), and the nanoparticle is simplified to an equivalent void. The model relates the cavitation threshold to the nanoparticle's equivalent size and liquid properties, such as temperature and surface tension. The larger/higher the equivalent size/liquid temperature, the lower the cavitation threshold. Besides, it reveals that a nanoparticle with an equivalent radius of 5 nm can reduce the cavitation threshold of pure water to −30 MPa, which explains the discrepancy between theory and experiment on the cavitation threshold of pure water. Furthermore, MD simulations (void radius 1～3 nm, water temperature 298～500 K) were conducted to verify the model. The cavitation thresholds calculated from MD agree well with the model's predictions (relative deviations are less than 5%).

Secondly, we studied the stability mechanism of nanobubbles (NBs) suspended in water. All-atom (AA) MD simulation (bubble diameter ～5 nm) and coarse-grained (CG) MD simulation (bubble diameter ～100 nm) were performed. The NB properties were statistically obtained and analyzed, including the inner density, inner pressure, surface charge, interfacial hydrogen bond, and gaseous diffusion. Then, the equilibrium and stability mechanisms of the NB were analyzed. Supersaturation appears to be necessary for NB equilibrium. The stability of the NB equilibrium is conditional: the number of gas molecules in NBs should be more than half that dissolved in water.

Thirdly, we studied the stable cavitation of phospholipid monolayer NB. The CG MD simulations were carried out to investigate the effect of the phospholipid shell on NB properties and bubble dynamics. The DPPC monolayer can only counteract part of the surface tension, and the bubble has high inner pressure (on the order of 1 MPa) and density (on the order of $10\ kg \cdot m^{-3}$). The phospholipid monolayer nanobubble has no "compression-only behavior" due to the high density of the inner gas. Under low-intensity ultrasound, the bubble vibration amplitude is independent of the ultrasonic frequency. Under high-intensity ultrasound, the phospholipid shell ruptures and the bubble vibration amplitude increases with the decreasing ultrasound frequency. As the bubble vibration amplitude increases, the strain-softening effect of the phospholipid layer should be introduced into the bubble dynamics model. When the phospholipid layer ruptures, the surface tension should be corrected by considering the strain relaxation process in the phospholipid layer. The predictions of the bubble dynamics model agree with the MD results.

Keywords: Nanoscale cavitation nucleus; Cavitation inception; Stability mechanism; Bubble dynamics

符号和缩略语说明

符号	符号说明	单位
k_B	玻尔兹曼常数	$J \cdot K^{-1}$
N	分子动力学模拟体系所含原子数	
V	分子动力学模拟体系体积	m^3
T	分子动力学模拟体系温度	K
P	分子动力学模拟体系压强	Pa
L	分子动力学模拟体系尺度	nm
r_c	分子动力学模拟力场截断半径	Å(埃)
σ_{LJ}	兰纳-琼斯势能为零时的原子间距离	Å(埃)
ε_{LJ}	兰纳-琼斯势能势阱深度	$kcal \cdot mol^{-1}$
q	分子力场中原子有效电荷量	e(基元电荷)
A	超声波幅值	Pa
f	超声波频率	Hz
P_l	液体中压强	Pa
P_v	空穴内部蒸气压强	Pa
P_G	气泡内部压强	Pa
P_e	饱和蒸气压	Pa
R	空穴/空泡/气泡半径	m
σ_0	气/汽-液平界面表面张力系数	$mN \cdot m^{-1}$
$N(n)$	含 n 个蒸气分子空穴的平衡浓度	m^{-3}
β_C	单位时间通过单位面积离开空穴的蒸气分子数量	$m^{-2} \cdot s^{-1}$
$W(n)$	形成含 n 个蒸气分子空穴所需克服能量壁垒	J
R^*	临界尺寸空穴半径	m
W^*	形成临界尺寸空穴所需克服能量壁垒	J

N_0	液体的分子数密度	m^{-3}
J	单位时间在单位体积内形成临界尺寸空穴的速率，即空化速率	$m^{-3} \cdot s^{-1}$
P_{cav}	空化阈值	Pa

缩略语	**缩略语说明**
DLS	动态光散射(dynamic light scattering)
NTA	纳米粒子追踪分析(nanoparticle tracking analysis)
UCA	超声造影剂(ultrasound contrast agent)
MD	分子动力学(molecular dynamics)
PBC	周期性边界条件(periodic boundary condition)
NVE	微正则系综，体系原子数 N、体系体积 V 和体系能量 E 在分子动力学模拟过程中保持恒定
NVT	正则系综，体系原子数 N、体系体积 V 和体系温度 T 在分子动力学模拟过程中保持恒定
NPT	等温等压系综，体系原子数 N、体系压力 P 和体系温度 T 在分子动力学模拟过程中保持恒定
EMD	平衡分子动力学模拟(equilibrium molecular dynamics)
NEMD	非平衡分子动力学模拟(non-equilibrium molecular dynamics)
LJ	兰纳-琼斯(Lennard-Jones)
AA	全原子(all-atom)
CG	粗粒化(coarse-grained)
DPPC	二棕榈酰磷脂酰胆碱(dipalmitoyl phosphatidyl choline)
CNT	经典成核理论(classical nucleation theory)
RP	瑞利-普勒赛特(Rayleigh-Plesset)
HB	氢键(hydrogen bond)
MSD	均方位移(mean squared displacement)
FCC	面心立方晶格(face center cubic)
MSE	均方误差(mean square error)

目 录

第1章 绪 论

本书的研究对象为纳米尺度空化核及其空化现象，包括含纳米颗粒液体的空化初生及空化阈值，悬浮纳米气泡特性及其稳定性机制，以及磷脂单分子层纳米气泡的稳态空化。下面介绍研究背景及意义、研究现状和本书安排。

1.1 研究背景及意义

当恒温液体的局部压强降低到某个临界值后，液体内部会发生断裂，并形成含有蒸气或者其他气体的明显气泡（空泡），即空化初生（cavitation inception）[1-2]。空化（cavitation）现象包含空泡的发生、发展和溃灭，其广泛存在于自然界与工业应用中。例如，有一种鼓虾，其虾螯快速闭合时会诱发空化，空泡的溃灭又伴随着瞬时局部高温高压和发光，被称为"虾光现象"[3-4]。又如，船舶螺旋桨[1]和水力涡轮叶片[5]高速转动时会诱发空化，既降低机械效率，又会对桨叶造成破坏侵蚀。

空化现象通常分为瞬态空化（transient cavitation）和稳态空化（stable cavitation）[6]。瞬态空化下，气泡在液体中急速溃灭，并产生瞬时局部高温高压、羟基自由基、脉冲噪声、激波和微射流等。稳态空化下，气泡受声场激励而规则振动，并产生微液流等。图1.1给出了上述分类的示意图。现如今，空化广泛地与超声等技术相结合，应用于污水处理[7]、超声成像[8]、表面清洗[9]和超声治疗[10-11]等领域。

空化通常发生于液体中的各种"薄弱点"处，例如在固体容器壁面和悬浮固体颗粒表面可能留存有微米级大小的空泡（微小空泡）[2]。这些"薄弱点"构成了空化发生所必需的空化核（cavitation nuclei）[2]。当液体局部压强降低至空化阈值①时，空化便于空化核处发生[12]。空化核对空化应用技

① 空化阈值更精确的定义可以表述为：多次重复空化实验中空化初生概率50%对应的液体压强。

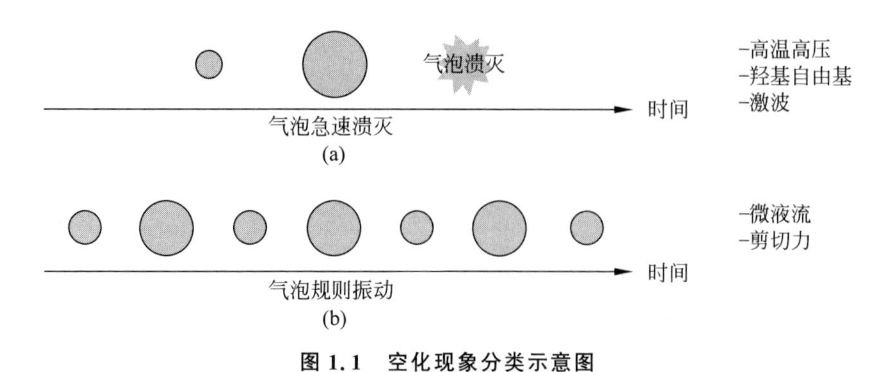

图 1.1 空化现象分类示意图

(a) 瞬态空化；(b) 稳态空化

术至关重要，例如超声医学中通过引入微泡造影剂（直径 2～10 μm）增强空化效应，从而增强超声成像[8]或超声治疗[13]的效果。近些年，纳米尺度空化核及基于它们的空化应用技术日益受到关注。例如，纳米固体颗粒[14-18]和纳米气泡[19-20]可增强空化效应，相关技术可用于废水处理[15]、肿瘤切除[21-23]、药物递送[24-30]和医学成像检测[31-41]等。除了广阔的应用前景，纳米空化核及其空化也有着重要的理论研究价值。例如，实验测得的纯化水（经过滤和除气等纯化处理过的水）的空化阈值与理论预测值存在巨大偏差，就可能归因于纯化水中残存的纳米尺度空化核[42-43]；又如，悬浮纳米气泡可以稳定存在已由多种实验证实[44]，但这一现象却与经典的 Epstein-Plesset 理论[45]相悖。综上，纳米空化核及其空化有广阔的应用前景和重要的科学研究价值，有必要对其开展详细研究。

1.2 研究现状

目前，人们针对纳米空化核及其空化已经开展了大量研究，但是仍有一些关键问题有待解决。第一，研究表明纳米固体颗粒可以促进空化，而且颗粒尺寸越大，表面疏水性越强，则其对空化的促进效果越显著[17,46]；但是，纳米固体颗粒对空化阈值的定量影响尚不清楚，有待开展进一步研究。第二，多种实验手段皆证实悬浮纳米气泡在水中可以稳定存在[44]；但是，人们对其内部和界面特性仍缺乏深入认识，对其稳定性机制也缺乏共识[47-48]，有待开展进一步研究。第三，研究表明磷脂单分子层纳米气泡可作为超声造影剂显著增强成像效果[20]；但是，人们对其稳态空化的振动特性研究尚不充分，有待开展进一步研究，从而完善其气泡动力学模型。接下来，将针对上述三个问题分别介绍相关研究现状。

1.2.1 含纳米颗粒液体的空化初生及其空化阈值

通常情况下，当液体压强降低时，空化初生于液体中的“薄弱点”处。在各类“薄弱点”中，固液界面是典型的一种。固液界面可以是承载液体的容器壁面，也可以是悬浮固体颗粒表面。一方面，在适宜的表面形貌、亲疏水特性等条件作用下，固液界面处可以留存微米级大小的空泡（微小空泡）[49-52]，从而诱导空化在此处发生；另一方面，固液界面本身也破坏了液体的连续结构，从而促进空化在界面处初生[17,53]。通常情况下，水的空化阈值仅−0.1 MPa① 左右[12]，而纯水（无“薄弱点”的水）的空化阈值量级为−100 MPa[54-55]。由此可见，水中的“薄弱点”显著降低了其空化阈值。为了方便描述，这里约定“降低空化阈值”的含义为空化阈值绝对值的降低。

在许多空化实验中，人们预先对水进行了过滤和除气等纯化处理，以尽可能消除悬浮固体颗粒和微泡等“薄弱点”。为了方便描述，这里约定经由过滤和除气等纯化处理过的水统称为“纯化水”。前述纯化水空化实验所能得到的空化阈值最高都止于约−30 MPa[56]，与纯水的空化阈值−100 MPa量级仍存在巨大的差距。纯化水空化阈值实验[12]表明，超声空化实验所得的空化阈值远低于理论预测值，而腔体空化实验则可以获得与理论预测相近的结果②。纯化水中，微米尺度及以上的悬浮固体颗粒都被过滤掉了，而经过除气处理，微泡的数量也被极大压制。因此，纯化水空化阈值实验值与理论预测值的巨大偏差可能来源于水中的纳米尺度空化核[42-43]。除了前述理论研究价值，基于纳米固体颗粒的空化也在水处理、生物医学等领域有着广阔的应用前景[18,21-23,31]。所以，有必要对基于纳米固体颗粒的空化初生开展深入的研究。

针对基于纳米固体颗粒的空化初生，前人已经开展了大量工作。早在1967年，Greenspan 和 Tschiegg[57]便利用膜滤器去除水中直径大于200 nm的杂质颗粒，发现过滤后的水空化阈值可以维持在约−10 MPa，这说明直径不到200 nm的杂质颗粒便可以将纯水空化阈值从−100 MPa量级降低到−10 MPa量级。Smith 等[14]在纯化水中加入 Fe_3O_4 和 Si 纳米颗粒（直

---

① 液体压强为负值对应着液体承受拉应力的状态。

② 腔体空化实验中水的样本尺度仅为10 μm，故而更容易完全去除其内的纳米尺度杂质；而对于其他实验手段，由于水的样本体积过大，难以彻底消除纳米尺度杂质。

径约 300 nm)开展超声空化实验,并探测空化噪声强度以表征空化强度,发现 Fe_3O_4 相比于 Si 纳米颗粒可以显著促进空化。Shanei 等[16]在对苯二甲酸溶液中加入 Au 纳米颗粒(直径 15～35 nm)进行超声空化实验,并探测羟基自由基荧光强度以表征空化强度,发现 Au 纳米颗粒可以显著增强空化效应,而且颗粒尺寸越大空化效应越强。靳巧锋等[15]在纯化水中加入聚四氟乙烯纳米颗粒(直径约 200 nm)进行超声空化实验,并结合空化噪声强度和荧光强度探测证实了聚四氟乙烯颗粒对空化的促进作用。

顾有为等[58]在纯化水中添加 SiO_2 颗粒(直径 20～100 nm)开展超声空化实验,并估算出不同工况下的空化阈值,发现 SiO_2 纳米颗粒浓度越高空化阈值越低;不过,增大纳米颗粒尺寸(直径从 20 nm 增加到 100 nm)并不能使空化阈值有显著下降。张璐等[46]对 SiO_2 纳米颗粒(直径约 500 nm)表面进行处理以改变其亲疏水性,然后将其加入纯化水开展超声空化实验,再用扫描电子显微镜观测纳米颗粒空化实验前后的表面形貌演变,发现相比于亲水纳米颗粒,疏水纳米颗粒受到更强的表面侵蚀,这表明疏水纳米颗粒有着更强的空化促进效果。前述实验表明,多种材质、不同尺寸的纳米固体颗粒都可以显著地增强空化效应,且纳米固体颗粒表面疏水性越强、颗粒浓度越高,空化促进效果越好。不过由于现有实验条件的局限性,难以精准控制水中纳米固体颗粒的尺寸分布、表面形貌和表面亲疏水性等,故往往只能定性分析纳米颗粒对空化阈值的影响。

相比于实验手段,分子动力学模拟可以精确控制模拟体系中所含纳米固体颗粒的尺寸、表面形态和表面亲疏水特性,故也被广泛用于研究基于纳米固体颗粒的空化初生。王金照等[59]用分子动力学模拟了基于 Lennard-Jones(LJ)纳米颗粒(直径 2～6 nm)的空化初生,发现 LJ 纳米颗粒可以显著促进空化,且颗粒尺寸越大、表面疏水性越强,对空化的促进越明显。Min 等[60]模拟了基于富勒烯分子(直径约 1 nm)的空化初生,证实了富勒烯分子的空化促进作用。李步选等[17]模拟了基于 SiO_2 纳米颗粒和聚乙烯纳米颗粒(直径 0.5～2 nm)的空化初生,表明纳米固体颗粒可以促进空化初生,且颗粒尺寸越大、表面疏水性越强,促进效果越大。上述分子动力学模拟研究取得了和实验研究较为一致的结论,即纳米固体颗粒的尺寸越大、表面疏水性越强,其对空化的促进效果越好。不过无论是实验研究还是模拟研究,纳米固体颗粒对空化阈值的影响都止步于定性分析。所以,有必要对含固体颗粒液体的空化初生开展进一步研究,构建完善的理论模型,揭示纳米固体颗粒对空化阈值的定量影响。

1.2.2　体悬浮纳米气泡特性及其稳定性机制

悬浮纳米气泡(bulk nanobubble)通常指直径小于1 μm 的气泡(悬浮于液体中)[44],其拥有独特的物理化学特性,且在废水处理[61]、表面清洗[62]和医学成像检测[35]等领域有着广阔的应用前景。不同于附着在固体基底上的表面纳米气泡[63](surface nanobubble),悬浮纳米气泡在水中持续作布朗运动,故而难以用原子力显微镜等实验手段对其进行直接检测。此外,表面纳米气泡的稳定性可归因于接触线固定效应(表面纳米气泡的气液固三相接触线位置固定,气泡在该基础上演变)[64]和环境液体过饱和[64-70],而悬浮纳米气泡不存在接触线固定效应,其稳定性机制仍缺乏共识。

经典的 Epstein-Plesset 理论[45]预测,饱和溶液中的悬浮纳米气泡会迅速收缩,而其寿命应小于0.02 s[44]。但早在1981年,Johnson 和 Cooke[71]便通过显微照相首次给出了悬浮纳米气泡存在的证据。之后,动态光散射[72-74](dynamic light scattering,DLS)与纳米粒子追踪分析[75-76](nanoparticle tracking analysis,NTA)被广泛用于研究悬浮纳米气泡,表明悬浮纳米气泡可以稳定存在数周乃至数月。不过,DLS 和 NTA 可能会把水中的固体颗粒等误认作气泡,纳米气泡可以稳定存在的结论也因此而遭到质疑[77]。为了解决这一问题,人们发展了许多其他实验手段用来研究悬浮纳米气泡,包括快速低温冷冻实验[78]、调制干涉显微镜观测实验[79]、共振质量测量实验[80]、冻融循环实验[81-82]、X 射线荧光探测实验[83]、暗场显微镜观测实验[84]等。这些实验从不同角度提供了多种证据,支撑了悬浮纳米气泡可以稳定存在的结论。

尽管实验证实了悬浮纳米气泡可以稳定存在,但其稳定性机制仍不清楚。目前,已有许多研究者对悬浮纳米气泡的稳定性提出了各种解释。张立娟等[85]的理论分析指出,悬浮纳米气泡内部气体的高密度可以增强其稳定性。Yasui 等[86]提出了一种悬浮纳米气泡动态平衡模型,认为纳米气泡表面部分覆盖的疏水材料可以维持气泡内外气体扩散平衡。Alheshibri 和 Craig[87]认为,悬浮纳米气泡的表面活性剂壳层可以消除表面张力,从而阻止纳米气泡溶解。Kim 等[88]认为,悬浮纳米气泡的稳定性依赖过饱和液体环境。表面电荷理论[89-92]认为,悬浮纳米气泡表面电荷的静电斥力可以抵消表面张力,从而稳定纳米气泡。也有研究认为,悬浮纳米气泡表面有规律的水分子排布结构有助于纳米气泡保持稳定[84,93-94]。前述理论从不同角度分析论证了纳米气泡的稳定性机制,但目前尚没有被广泛认可与接受的理论。由于悬浮纳米气泡处于不断的布朗运动之中[88],导致难以用原子力显微镜等实验手段对其进行直接检测，故而人们对其内部和界面特性仍缺乏深入认识，前述理论模型也难以得到有效验证。

相比于实验手段，分子动力学模拟可以揭示纳米气泡的内部和界面特性，进而分析其稳定性机制。Yamamoto 等[95]首次利用分子动力学模拟定量计算了水中悬浮纳米氦气泡的物性，表明气泡内部气体为高压高密度状态。不过，由于其模拟时长较短(不到 1 ns)，模拟中氦气泡可能尚未达到稳定平衡状态。此后，Weijs 等[96]模拟了 LJ 流体中稳定的二维悬浮纳米气泡，认为液体中极高的溶解气体浓度可以压制纳米气泡的溶解。张萌等[97]模拟了水中稳定的悬浮纳米氮气泡，表明纳米气泡的稳定性对溶解于水中的氮气含量非常敏感。由于全原子分子动力学模拟的计算量极大，上述模拟中悬浮纳米气泡的尺寸仅有数纳米。此外，模拟体系中的溶解气体过饱和度也远超实验工况。最后，上述模拟研究中对悬浮纳米气泡稳定性机制的分析仍较为有限。综上所述，目前人们对悬浮纳米气泡的内部和界面特性，以及其稳定性机制的认识还不完善，有待开展进一步的研究。

1.2.3 磷脂单分子层纳米气泡稳态空化的气泡动力学

早在 20 世纪 60 年代，人们便观察到了气泡的超声对比增强效应[98]，并在其启发下研发了基于微泡(微米尺度气泡)的超声造影剂(ultrasound contrast agent，UCA)，用于增强超声成像效果并获取生理和病理信息[99]。为了延长微泡 UCA 在人体血液循环中的存续时间使其适应临床应用需求，人们先将微泡用蛋白质或磷脂等构成的壳层包覆，后来又用 SF_6 或 C_3F_8 等难溶气体替代微泡内空气分子[100]。目前获得临床批准并商业化应用的微泡 UCA 有 SonoVue(SF_6 气核＋磷脂壳层)、Definity(C_3F_8＋磷脂)、Sonazoid(C_4F_{10}＋磷脂)，以及 Optison(C_3F_8＋蛋白质)等。这些微泡 UCA 的直径通常在 1～10 μm[100]，可以在静脉注射后通过肺部血液循环，进而抵达目标区域增强成像。

微泡 UCA 通常只能随血液在血管内流动[35]，纳米气泡 UCA 则可以穿越肿瘤组织血管的孔隙(直径 380～780 nm[101])停留聚集于肿瘤处，具有靶向功能[19-20,24]。此外，也可以对纳米气泡 UCA 的壳层表面装配抗体等，增强其靶向能力[38-39]。由于纳米气泡 UCA 的上述优点，人们对其开展了许多研究。Leon 等[32]制备了磷脂单分子层纳米气泡 UCA，并将其注射入小鼠体内开展超声成像实验，结果表明其成像效果要优于商用微泡 UCA，且可以持续成像 15 min 以上。杨恒丽等[38]、Yu 等[39]及 Perera

等[34]在磷脂单分子层纳米气泡UCA壳层表面装配抗体,实验证实其可以靶向结合肿瘤细胞,并能够获得信号更强持续更久的超声成像。Ramirez等[35]使用磷脂单分子层纳米气泡UCA测量胰岛微血管渗透性的演变,表明其在胰岛内的聚集程度与胰岛病变程度相关,进而可以作为相关疾病诊断的辅助手段。这些研究皆体现了磷脂单分子层纳米气泡UCA的优异成像性能及卓越应用前景。

研究磷脂单分子层纳米气泡UCA在超声下的振动特性,完善其在稳态空化下的气泡动力学模型对其成像应用是至关重要的。由于微泡UCA发展较早,临床应用较为广泛,人们已经针对其提出了多种气泡动力学模型。早在1992年,de Jong等[102-104]便以蛋白质壳层微泡UCA为对象,在Rayleigh-Plesset(RP)方程[105]中引入壳层弹性及壳层黏性的影响,并通过实验证实其可以很好地描述微泡UCA的线性散射特性。1995年,Church[106]将微泡UCA的壳层理想化为连续不可压固体弹性材料。在RP方程的基础上,Church模型引入了壳层弹性、壳层黏性以及壳层厚度的影响。2000年,Hoff等[107]在Church模型的基础上,假设壳层厚度远小于微泡半径,将其进一步简化并获得广泛运用[108]。2003年,Sarkar等[109-110]将微泡UCA的壳层理想化为二维界面,并用界面扩展黏性(surface dilatational viscosity)、界面扩展弹性(surface dilatational elasity)两个流变参数来表征壳层所含物质分子对微泡UCA超声下振动特性的总效果。前述模型皆采用线性本构方程描述壳层应力应变关系(基于小变形假设),故只适用于微泡UCA的小幅振动情形。2005年,Marmottant等[111]以磷脂壳层微泡UCA为对象,首次构建了描述其大幅振动的气泡动力学模型。Marmottant模型用分段函数描述了磷脂壳层等效表面张力随气泡表面积变化的三个阶段:屈曲、弹性和破裂,从而解释了微泡UCA的"阈值行为"(thresholding behavior)[112]和"只收缩行为"(compression-only behavior)[113-114]等非线性振动现象①[108]。后来,Paul等[115]指出Marmottant模型中分段函数的分界点难以精准给定,故而在Sarkar模型的基础上,提出使用二次函数或指数函数描述磷脂壳层等效表面张力随气泡表面积变化。2009年,Doinikov等[116]在Church模型基础上引入了非线性壳层黏性(黏性系数依赖于应变速率),其模型同样预测到了微泡UCA的"只收缩行为"非线性振

① "阈值行为":只有当超声幅值超过某一阈值后,才能观察到气泡振动。"只收缩行为":气泡在超声下非对称振动,且收缩幅度远大于其膨胀幅度。

动现象。2013年，李倩等[117]在Marmottant模型基础上进一步引入了壳层非线性黏性(Li模型)。虽然Li模型中考虑了非线性黏性，但其中混淆了磷脂壳层的剪切黏性(shear viscosity)和扩展黏性的概念。

针对微泡UCA的气泡动力学模型发展相对较为完善，其也被尝试用于预测磷脂单分子层纳米气泡UCA超声下的振动特性。Pellow等[118]发现，当假定磷脂单分子层纳米气泡初始平衡状态壳层接近屈曲或破裂时，Li模型[117]可以预测到纳米气泡UCA产生一次和二次谐波信号的"阈值行为"。同样地，Sojahrood等[119]也用Li模型成功地预测到了实验中磷脂单分子层纳米气泡产生二次谐波信号的"阈值行为"。经典的微泡UCA气泡动力学模型(如Marmottant模型[111]等)能否准确描述磷脂单分子层纳米气泡的稳态空化仍有待进一步研究。受限于光学分辨率，实验中难以用高速摄影等手段直接观测磷脂单分子层纳米气泡UCA在超声下的振动演变[118]，故对其稳态空化的气泡动力学研究尚不充分。因此，有必要利用分子动力学模拟等手段揭示磷脂单分子层纳米气泡超声下的振动特性，进一步完善其稳态空化的气泡动力学模型。

1.2.4 小结

文献调研表明，纳米尺度空化核及基于它们的空化有着重要的科学研究价值和广阔的应用前景。不过，由于其极端小的空间尺度及强烈的非线性效应，基于目前较为局限的实验手段和条件，相关的研究尚不充分，仍然存有一些亟待解决的基础性关键问题。

第一，纯化水空化阈值实验值与理论预测存在巨大偏差，这一偏差可能归因于水中残存的纳米颗粒。不过，纳米颗粒对空化阈值的定量影响尚不清楚，有待开展进一步研究以完善相关理论模型。第二，体悬浮纳米气泡可以稳定存在已由多种实验证实，但其却与经典理论相悖。此外，人们对其内部和界面特性仍缺乏深入认识，对其稳定性机制也缺乏共识，有待开展进一步研究。第三，磷脂单分子层纳米气泡在医学超声成像等领域有着广阔应用前景。不过，人们对其超声下的振动特性尚不清楚，有待开展进一步研究以完善其稳态空化的气泡动力学模型。

1.3 本书主要内容与章节安排

本书将针对纳米空化核及其空化动力学开展理论分析与数值模拟研究。鉴于所研究对象的尺度范围，本书采用分子动力学模拟，其可以弥补现有实验手段和条件的不足，并且可以详细地展示纳米尺度空化核及其空化参数时空演化过程。进一步将模拟结果与理论预测进行对照，可以完善或验证理论模型并揭示相关物理力学规律。

全书分 6 章，各章节安排如下：

第 1 章绪论。首先介绍纳米空化核及其空化的研究背景与意义；其次针对含纳米颗粒液体的空化初生及其空化阈值，体悬浮纳米气泡特性及其稳定性机制，以及磷脂单分子层纳米气泡稳态空化的气泡动力学三个问题分别进行了研究进展的文献综述；最后对本书研究内容与章节安排进行了介绍。

第 2 章系统地介绍分子动力学模拟方法的相关概念与算法，以及本书理论分析中参考的经典空化初生理论和气泡动力学理论。基于开源分子动力学软件 LAMMPS，本书发展完善了针对纳米空化核及其空化的分子动力学模拟方法，并在对应章节展开具体介绍，而只在第 2 章中展示了部分算法验证结果。此外，第 2 章也简要介绍了经典成核理论以及 RP 方程的相关概念及理论推导，这些经典理论是本书进一步发展完善相关理论的参考和基础。

第 3 章对含纳米颗粒液体的空化初生开展了研究。构建了基于纳米颗粒空化初生的理论模型，然后开展分子动力学模拟对其进行了验证。通过理论分析与模拟验证，分析了基于纳米颗粒空化初生的物理机制，揭示了纳米颗粒等效尺寸及液体物性对空化阈值的定量影响。

第 4 章对体悬浮纳米气泡特性及其稳定性机制开展了研究。用分子动力学方法模拟了含气空泡演变为稳定悬浮纳米气泡的微观动力学过程，进而统计计算了稳定悬浮纳米气泡的特性，在其基础上分析了悬浮纳米气泡的力学平衡与稳定性机制。

第 5 章对磷脂单分子层纳米气泡稳态空化的气泡动力学开展了研究。用分子动力学方法模拟了磷脂单分子层纳米气泡在超声下的振动响应，揭示了其不同于微泡造影剂的振动特点，进而完善了相应的气泡动力学理论模型。

第 6 章是全书的总结与展望。

第2章 分子动力学方法及经典空化理论

由于纳米尺度空化核及其空化极端小的空间尺度，难以用常规的实验手段对其进行观测研究，故而有必要采用合适的数值模拟方法。分子动力学方法适用于纳米尺度体系的模拟研究，它能够统计计算纳米材料特性，揭示纳米尺度体系演变的微观细节，故被选为本书的模拟研究手段。进一步，将模拟结果与理论预测进行对照，以完善或验证理论模型。本章将对分子动力学模拟方法展开介绍，同时也给出了本书理论分析中参考的经典空化初生理论及气泡动力学理论的相关概念及推导。

2.1 分子动力学原理与数值模型

分子动力学(molecular dynamics，MD)是一种通过求解有限数目分子(原子)的经典运动方程(牛顿方程)，以获取对应分子体系动态特性的模拟方法。通过引入玻恩-奥本海默(Born-Oppenheimer)近似，用体系中原子核的位置和速度描述原子状态而不考虑电子的运动，同时使用牛顿力学描述原子的运动规律，最终可以得出体系的控制方程[120]。

2.1.1 控制方程及求解方法

对于含有 N 个原子的MD模拟体系，其在笛卡尔坐标系的控制方程为

$$\begin{cases} \dfrac{\mathrm{d}\boldsymbol{r}_i}{\mathrm{d}t}=\dfrac{\boldsymbol{p}_i}{m_i} \\ \dfrac{\mathrm{d}\boldsymbol{p}_i}{\mathrm{d}t}=\boldsymbol{f}_i=-\dfrac{\partial U}{\partial \boldsymbol{r}_i} \end{cases} \tag{2-1}$$

其中，m_i、$\boldsymbol{r}_i$、$\boldsymbol{p}_i$ 和 $\boldsymbol{f}_i$ 分别为第 i 个原子的质量、位置矢量、动量和受力，U 为体系的势能[120]。给定体系初始条件及边界条件，即可求解上述方程获得体系内每个原子的运动状态，进而分析体系的发展演变。本书采用开源可视化软件VMD[121]对分子动力学模拟结果进行后处理。

由于体系势能的计算比较复杂，一般采用有限差分方法对控制方程(2-1)

进行数值求解。即已知 t 时刻体系原子位置和速度的情况下，步进求解 $t+\Delta t$ 时刻的体系状态，以观测体系的时间演变。其中 Δt 为时间步长，通常应远小于体系原子的振动周期[120]。本书采用开源分子动力学软件 LAMMPS[122-123] 求解模拟体系的控制方程，其采用速度 Verlet 算法[124]，表达式为

$$\begin{cases} \boldsymbol{v}_i\left(t+\frac{1}{2}\Delta t\right)=\boldsymbol{v}_i(t)+\frac{1}{2}\Delta t\boldsymbol{a}_i(t) & \text{(2-2a)} \\ \boldsymbol{r}_i(t+\Delta t)=\boldsymbol{r}_i(t)+\Delta t\,\boldsymbol{v}_i\left(t+\frac{1}{2}\Delta t\right) & \text{(2-2b)} \\ \boldsymbol{v}_i(t+\Delta t)=\boldsymbol{v}_i\left(t+\frac{1}{2}\Delta t\right)+\frac{1}{2}\Delta t\boldsymbol{a}_i(t+\Delta t) & \text{(2-2c)} \end{cases}$$

其中，$\boldsymbol{v}_i$ 和 $\boldsymbol{a}_i$ 分别为第 i 个原子的速度和加速度。式(2-2a)为半步推进，通过 t 时刻的原子加速度 $\boldsymbol{a}_i(t)$ 求得中间步 $t+\Delta t/2$ 时刻的原子速度 $\boldsymbol{v}_i(t+\Delta t/2)$。式(2-2b)利用中间步所得原子速度求解 $t+\Delta t$ 时刻原子位置。基于 $t+\Delta t$ 时刻原子位置便可以求得 $t+\Delta t$ 时刻体系势能，从而求得 $t+\Delta t$ 时刻原子受力和加速度 $\boldsymbol{a}_i(t+\Delta t)$。式(2-2c)利用求得的 $\boldsymbol{a}_i(t+\Delta t)$ 求解 $t+\Delta t$ 时刻原子速度。这样就实现了一个完整的时间推进流程。速度 Verlet 算法具有数值稳定、易于编程实现、能量守恒等优点，是目前 MD 模拟中最常用的数值算法。

2.1.2　边界条件

MD 模拟的空间尺度通常在纳米量级，模拟体系中有相当多的原子位于体系边界上。例如，对于包含原子数 $N=100\times100\times100=10^6$ 的体系，约有 6%的原子位于体系边界。对于均质体系，体系边界处的原子受力与体系中心处的原子受力截然不同，从而造成体系物性统计的偏差[120]。这一表面效应可通过采用周期性边界条件(periodic boundary condition，PBC)加以克服。在周期性边界条件中，模拟体系会在坐标方向被复制延拓，当某原子从体系某边界跑出时，该原子的周期像将会同时从相反边界跑入。在周期性边界条件下，体系边界处的原子受力与体系中心处的原子受力状态较为近似，从而消除了表面效应。

在周期性边界条件下，体系势能计算需遵从最小像(最近邻像)约定[120]。对于体系中某原子，其对体系势能的贡献为它与体系中其他 $N-1$ 个原子的相互作用势能叠加。而在周期性边界条件下，又需要考虑它与周期像原子的相互作用，出现了无穷项加和的情况。最小像约定便是对这一

无穷加和的近似：对于体系中某原子，势能计算时只考虑离它最近的其他 $N-1$ 个像原子。遵从最小像约定的情况下，体系势能计算的算法复杂度为 $O(N(N-1)/2)$。为了进一步减少计算量，通常还会引入截断近似：对于范德华作用力等短程相互作用，体系势能绝大部分来源于邻近原子，故而假设当原子间距离大于截断半径 r_c 时，其相互作用势能为 0。基于周期性边界条件，截断半径不得超过模拟体系尺度 L 的一半，即 $r_c \leqslant L/2$。

非周期性边界条件(non-periodic boundary condition)通常用于受边界影响较小或有特殊边界条件的体系[120]。在本书第 3 章模拟基于纳米固体颗粒的空化初生，以及第 4 章模拟稳定悬浮纳米气泡的工况中，采用了周期性边界条件。而在第 5 章模拟磷脂单分子层纳米气泡的超声响应时，为了减小控压算法对气泡边界的非物理影响[125]，则部分采用了非周期性边界条件。

2.1.3 系综及控温控压方法

对一宏观系统，其热力学状态通常由温度、压力等参数确定，而其他热力学性质如密度、化学势等则可以由状态方程及热力学基本方程导出[120]。而在微观层面，则可以用系统中所有原子的位置和速度确定该宏观系统的瞬时状态，这些位置和速度可以视作一个多维空间(相空间)的坐标①。如果用 $\boldsymbol{X}$ 表示相空间中任一状态点，则体系的宏观状态 $\boldsymbol{Y}$ 可以写成函数形式 $\boldsymbol{Y}(\boldsymbol{X})$。系综(ensemble)可以视作体系在相空间中的一组坐标点的合集，这些坐标点以概率密度 $\rho(\boldsymbol{X})$ 分布，而概率密度函数则由给定的宏观参数(如温度等)决定[120]。

常见的系综有微正则系综(microcanonical ensemble)、正则系综(canonical ensemble)、等温等压系综(isothermal-isobaric ensemble)以及巨正则系综(grand canonical ensemble)。MD 模拟中使用何种系综取决于具体的研究对象。本书的模拟主要用到了前三种系综，在此对其进行简要介绍。微正则系综又称"NVE"系综，即体系原子数 N、体系体积 V 和体系能量 E 在模拟过程中保持恒定。体系与外界既无物质交换，也没有能量交换，为孤立系统。由牛顿运动方程描述的孤立原子体系随着时间演变生成的一系列状态点便构成了一个 NVE 系综。除了孤立体系演变过程的模拟，NVE 系综模拟也多用于生成 MD 模拟的初始条件。正则系综又称

① 以 N 原子体系为例，其相空间有 $6N$ 个维度。

“NVT”系综，即体系原子数 N、体系体积 V 和体系温度 T 保持恒定。体系与外界无物质交换，但有热量交换，为封闭体系。在本书中，NVT 系综模拟也被用于生成 MD 模拟的初始条件。等温等压系综，顾名思义即为体系温度 T 和体系压力 P 保持恒定，此外体系原子数 N 也保持恒定，故又称为“NPT”系综。体系与外界无物质交换，但有热量交换和做功。等温等压系综最接近真实实验情况，故在本书第 4 章稳定悬浮纳米气泡的模拟中被采用。

当模拟体系达到热力学平衡态后，对其进行采样统计以获取物性的模拟为平衡分子动力学模拟(equilibrium molecular dynamics，EMD)，本书模拟稳定悬浮纳米气泡的工况即属此类。对于不断受到较大扰动而热力学状态处于持续变化的模拟体系，则被称为非平衡分子动力学模拟(non-equilibrium molecular dynamics，NEMD)，本书模拟磷脂单分子层纳米气泡稳态空化的工况则属此类。

为了实现 NVT 系综，即控制模拟体系温度在模拟过程中维持恒定，需要引入控温器(thermostat)[120]。MD 模拟中常用的控温算法有 Nosé-Hoover 算法[126-127]和 Berendsen 算法[128]等。对于 N 原子体系，其体系温度

$$T=\frac{2\mathrm{KE}}{k_{\mathrm{B}}\mathrm{DOF}}=\frac{1}{k_{\mathrm{B}}\mathrm{DOF}}\sum_{i=1}^{N}\frac{|\boldsymbol{p}_i|^2}{m_i} \tag{2-3}$$

其中，k_{B} 为玻尔兹曼常数，KE 为体系总动能，DOF 为体系总自由度。

Nosé-Hoover 控温算法假设模拟体系与外部恒温热浴(thermal bath)耦合，引入一个额外的体系自由度代表外部热浴，从而将控制方程(2-1)修改为

$$\begin{cases}\dfrac{\mathrm{d}\boldsymbol{r}_i}{\mathrm{d}t}=\dfrac{\boldsymbol{p}_i}{m_i}\\[2ex]\dfrac{\mathrm{d}\boldsymbol{p}_i}{\mathrm{d}t}=\boldsymbol{f}_i-\xi_{\mathrm{NH}}\boldsymbol{p}_i\\[2ex]\dfrac{\mathrm{d}\xi_{\mathrm{NH}}}{\mathrm{d}t}=\dfrac{2\mathrm{KE}-\mathrm{DOF}k_{\mathrm{B}}T'}{Q_{\mathrm{NH}}}\end{cases} \tag{2-4}$$

其中，T'为目标温度，ξ_{NH} 为热力摩擦系数，Q_{NH} 可视作热浴有效质量[129](幅值越大，模拟体系与热浴的耦合越强)。本书模拟基于纳米固体颗粒空化初生及稳定悬浮纳米气泡的工况采用了 Nosé-Hoover 控温算法。

Berendsen 控温算法在每一模拟时间步对体系内原子速度同时做比例

缩放以控制体系温度，表达式如下

$$\boldsymbol{v}_i'=\lambda_{\mathrm{Be}}\boldsymbol{v}_i=\boldsymbol{v}_i\left[1+\frac{\Delta t}{2\tau_T}\left(\frac{T'}{T}-1\right)\right] \tag{2-5}$$

其中，λ_{Be} 为缩放因子，τ_T 为控温时间常数（表征了体系与热浴之间的耦合强度（热交换速率）[128]）。本书模拟磷脂单分子层纳米气泡稳态空化的工况采用了 Berendsen 控温算法。

为了实现 NPT 系综，即控制体系温度和体系压力在模拟过程中维持恒定，则需要进一步引入控压器（barostat）。MD 模拟中常用的控压算法有 Nosé-Hoover 算法和 Berendsen 算法等。对于 N 原子体系，其体系压力为

$$P=\frac{2}{3V}\left(\mathrm{KE}+\frac{1}{2}\sum_{i=1}^{N}\boldsymbol{r}_i\cdot\boldsymbol{f}_i\right) \tag{2-6}$$

其中，V 为模拟体系体积。

Nosé-Hoover 控压算法假设模拟体系与外部恒压浴（pressure bath）耦合，将控制方程(2-4)进一步修改为[127,130,131]

$$\begin{cases}\dfrac{\mathrm{d}\boldsymbol{r}_i}{\mathrm{d}t}=\dfrac{\boldsymbol{p}_i}{m_i}+\varepsilon_{\mathrm{NH}}\boldsymbol{r}_i\\[2mm]\dfrac{\mathrm{d}\boldsymbol{p}_i}{\mathrm{d}t}=\boldsymbol{f}_i-(\xi_{\mathrm{NH}}+\varepsilon_{\mathrm{NH}})\boldsymbol{p}_i\\[2mm]\dfrac{\mathrm{d}\xi_{\mathrm{NH}}}{\mathrm{d}t}=\dfrac{2\mathrm{KE}-\mathrm{DOF}k_{\mathrm{B}}T'}{Q_{\mathrm{NH}}}\\[2mm]\varepsilon_{\mathrm{NH}}=\dfrac{1}{3V}\dfrac{\mathrm{d}V}{\mathrm{d}t}\\[2mm]\dfrac{\mathrm{d}\varepsilon_{\mathrm{NH}}}{\mathrm{d}t}=\dfrac{V(P-P')}{\tau_P^2k_{\mathrm{B}}T'}\end{cases} \tag{2-7}$$

其中，P'为目标压力，$\varepsilon_{\mathrm{NH}}$ 为应变率，τ_P 为控压时间常数。本书模拟基于纳米固体颗粒空化初生及稳定悬浮纳米气泡的工况采用了 Nosé-Hoover 控压算法。

Berendsen 控压算法在每一模拟时间步对体系内原子位置坐标同时做比例缩放以控制体系压力，表达式如下

$$\boldsymbol{r}_i'=\mu_{\mathrm{Be}}\boldsymbol{r}_i=\boldsymbol{r}_i\left[1-\frac{\beta_{\mathrm{Be}}\Delta t}{3\tau_P}(P'-P)\right] \tag{2-8}$$

其中，μ_{Be} 为缩放因子，β_{Be} 为等温压缩率，τ_P 为控压时间常数（表征了体系与压浴之间的耦合强度[128]）。除了对体系内原子坐标做比例缩放，

Berendsen 控压算法也会同步缩放体系的尺寸 L 至 $\mu_{Be}L$。

本书的模拟对象为液体中气泡，且在非平衡分子动力学模拟中气泡界面通常处于运动状态。传统控压算法会在模拟中直接修改原子坐标，从而人为修改气泡界面的运动，其造成的偏差在气泡尺寸较大时将不容忽视[125,132]。这一问题可通过采用活塞控压法[125]得以避免，如图 2.1 所示。活塞控压法中，液体在 z 方向的两侧受固壁活塞（面积为 S^p）的约束，而 x 和 y 方向的模拟体系尺寸则保持不变。固壁除受到液体分子的作用，还会被施加一个额外的力 $\boldsymbol{F}^p$，通过实时调控 $\boldsymbol{F}^p$，即可控制液体压力 $P_1=|\boldsymbol{F}^p|/S^p$。活塞控压法避免了传统控压算法中对原子坐标（两相界面位置）的直接修改，故而在涉及两相界面运动的模拟中被广泛采用[66,133-135]。

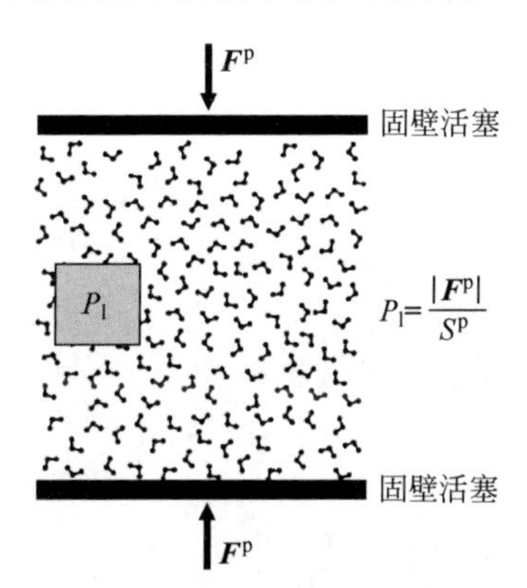

图 2.1　活塞控压法示意图

在本书模拟基于纳米固体颗粒空化初生的工况中，由于气泡尺寸仅数纳米，故仍采用了传统的 Nosé-Hoover 控压法。而在模拟磷脂单分子层纳米气泡稳态空化的工况中，由于气泡尺寸在百纳米量级，则采用了活塞控压法。图 2.2 给出了活塞控压法控压效果的算例验证。验证工况中液体压力以

$$P_1(t)=P_0-A\sin(2\pi ft) \tag{2-9}$$

的形式演变，其中 P_0 为液体初始压力 1 atm，A 为施加正弦波的幅值，f 为施加正弦波的频率。在验证工况中，$A=100$ atm，$f=100$ MHz，水分子采用 MARTINI 力场模型，模拟体系尺寸 $L=160$ nm，模拟体系温度 $T=310$ K，由 Berendsen 控温算法控温。上述模拟参数与本书研究中具体的模拟工况相对应。由图 2.2 可以看出，活塞控压法可以很好地控制体系压力按照预设演变。

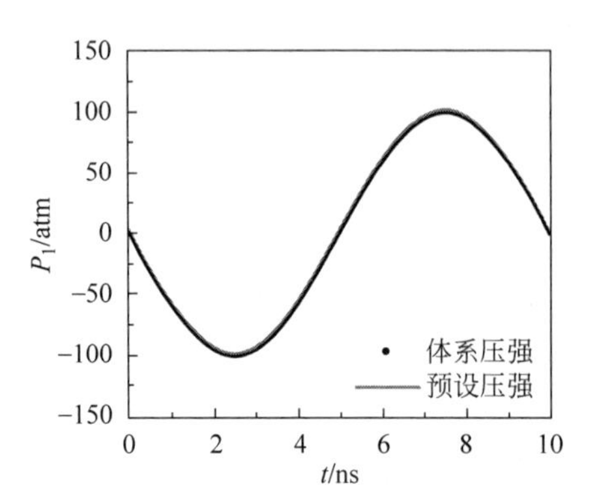

图 2.2　活塞控压法控压效果算例验证

2.1.4　分子力场

MD 模拟中的分子力场描述了模拟体系中分子内和分子间相互作用，包括势能函数和相关参数。这些分子力场通常由单分子实验或量子力学计算基础上发展而来，并将计算所得物质物性和实验比较而进一步加以优化[120]。通常的分子力场有如下函数形式[120]

$$U=\sum_{\text{bonds}}\frac{1}{2}k_{\text{b}}(r_{ij}-r_{\text{b}})^2+\sum_{\text{angles}}\frac{1}{2}k_{\text{a}}(\theta_{ijk}-\theta_{\text{a}})^2+\sum_{\text{torsions}}\sum_{n}k_{\varphi,n}[\cos(n\varphi_{ijkl}+\delta_n)+1]+\sum_{\text{non-bonded pairs}}\left[4\varepsilon_{\text{LJ}}\left(\left(\frac{\sigma_{\text{LJ}}}{r_{ij}}\right)^{12}-\left(\frac{\sigma_{\text{LJ}}}{r_{ij}}\right)^{6}\right)+\frac{q_iq_j}{4\pi\varepsilon_0 r_{ij}}\right] \tag{2-10}$$

式(2-10)中的第一项为对体系中所有化学键的键伸缩势能(图 2.3(a))求和。其中，k_{b} 为键伸缩弹性常数，r_{ij} 为成键原子 i 和 j 的原子距离，r_{b} 为平衡键长。这里采用谐振动函数描述化学键在其平衡位置附近的小幅振动。此外，也可以用更精确的函数形式如 Morse 势描述化学键势能，或者在模拟中将化学键约束至其平衡状态。

式(2-10)中的第二项为对体系中所有化学键角的键角弯曲势能(图 2.3(b))求和。其中，k_{a} 为键角弯曲弹性常数，θ_{ijk} 为由化学键直接相连的三原子 i、j 和 k 的夹角，θ_{a} 为平衡键角。这里也采用谐振动函数描述键角在其平衡位置附近的小幅振动。

式(2-10)中的第三项为对体系中所有二面角扭转势能(图 2.3(c))求和。其中，$k_{\varphi,n}$ 为弹性常数，φ_{ijkl} 为由化学键直接相连的四原子 i、j、k 和 l

构成的二面角。

式(2-10)中的第四项为对体系中所有非成键相互作用势能(包括范德华势能和库仑静电势能)求和。范德华势能(图 2.3(d))是中性原子间的相互作用势能,这里采用兰纳-琼斯(Lennard-Jones,LJ)势能函数描述范德华相互作用。其中 r_{ij} 为非成键原子 i 和 j 的原子距离,r_{ij}^{-12} 项为排斥力项,r_{ij}^{-6} 项为吸引力项,ε_{LJ} 为势阱(potential well)深度,σ_{LJ} 为 LJ 势能为零时的原子距离。不同种类原子间的 LJ 势能参数可以用 Lorentz-Berthelot 法则获得。此外,也可以用 r_{ij}^{-9} 项或指数函数形式来作为排斥力项[120]。库仑静电势能(图 2.3(e))是带电原子间的静电相互作用势能,这里用库仑定律描述静电相互作用,其中的 q_i 和 q_j 为原子 i 和 j 的有效电荷量,ε_0 为真空介电常数。

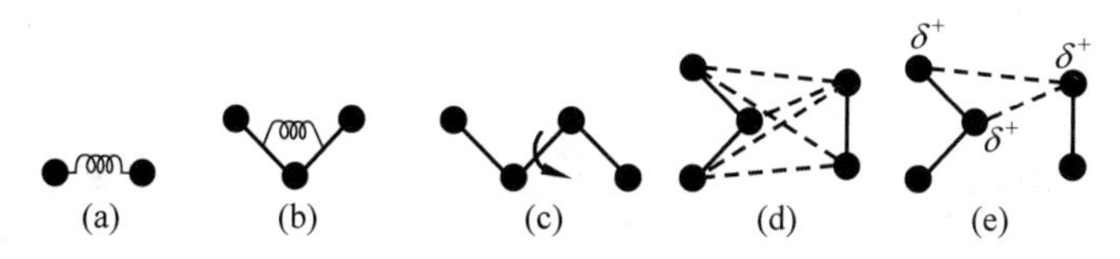

图 2.3　分子内和分子间相互作用示意图

(a) 键伸缩势能;(b) 键角弯曲势能;(c) 二面角扭转势能;(d) 范德华势能;(e) 库仑静电势能

根据对分子结构描述的精细程度不同,分子力场可以分为全原子(all-atom,AA)力场和粗粒化(coarse-grained,CG)力场。全原子力场把分子中的每一个原子都显式地用相互作用点(interaction site)加以描述,受限于其高昂的计算成本,全原子模拟的时空尺度远低于微秒和微米量级[136]。为了扩展 MD 模拟的时空尺度,人们发展了粗粒化力场模型,使用一个相互作用点代替一组原子以减少计算量,并通过拟合实验或全原子模拟结果得出粗粒化相互作用点间的势能参数。相比于全原子模拟,粗粒化模拟减少了模拟的相互所用点数量,模拟中允许采用更大的时间步长,且由于多数相互作用点不带电荷而极大减少了静电相互作用的计算,故而可以模拟更大时空尺度的体系演变[136]。

根据对分子极性处理方式的不同,分子力场可以分为可极化(polarizable)力场和非极化(nonpolarizable)力场。非极化力场采用固定值的偶极矩和点电荷描述分子极性的平均效应,而可极化模型则对分子的极化效应进行显式描述。

在本书的模拟中,选用的皆为非极化分子力场;而为了覆盖数纳米到百纳米的模拟尺度，全原子力场和粗粒化力场都得到了采用。接下来对本书主要采用的分子力场进行介绍。

首先介绍本书采用的全原子水分子力场模型。根据全原子水分子力场模型中包含的相互作用点数量，常用的非极化全原子水分子力场模型可以分为三类：三点模型、四点模型和五点模型[137]。三点模型中含有三个相互作用点(一个氧原子 O 和两个氢原子 H)，如图 2.4(a)所示。其中氧原子带负电荷，氢原子带正电荷。常用的三点模型有 TIP3P 模型[138]和 SPC/E 模型[139]等。四点模型相比三点模型多了一个无质量点 M，如图 2.4(b)所示，其中氢原子仍然带正电荷，不过负电荷则位于新增的无质量点处。常用的四点模型有 TIP4P 模型[138]和 TIP4P/2005 模型[140]等。五点模型有两个位于孤对电子处的带负电荷的无质量点，如图 2.4(c)所示。常用的五点模型有 TIP5P 模型[141]等。

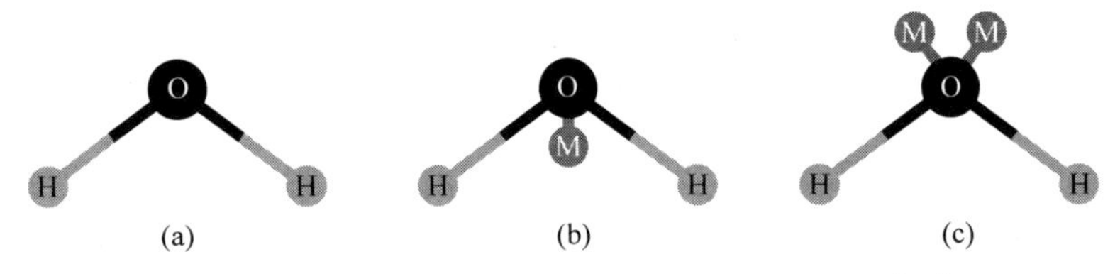

图 2.4　常用非极化全原子水分子力场模型示意图[142]

(a) 三点模型；(b) 四点模型；(c) 五点模型

在前述非极化全原子水分子力场模型中，TIP4P/2005 模型有着相对最优的综合性能[137]。TIP4P/2005 模型选取水在常压下最大密度时的水温、水的蒸发焓、标准状态下液态水的密度，以及固态水(冰)在不同温度和压力条件下的密度等物性对势能参数进行拟合[140]。TIP4P/2005 模型中，O—H 键的键长为 0.9572 Å，H—O—H 的键角为 104.52°，O—M 的距离为 0.1546 Å。

TIP4P/2005 模型可以很好地描述水的密度、黏性、热膨胀系数、等温压缩率和自扩散系数[140,143-144]。尤其是 TIP4P/2005 模型可以精确地描述水-气界面的表面张力[145-146]。综合前述优异性能，TIP4P/2005 模型被用于本书的全原子 MD 模拟，其势能模型参数如表 2.1 所示。

接下来介绍本书采用的粗粒化力场模型。MARTINI 力场[147-148]是目前最常用于生物分子(如磷脂，蛋白质等)体系模拟的粗粒化力场之一，也被广泛用于模拟纳米气泡溃灭过程[149-154]，故被本书选用于百纳米尺度悬浮气泡稳定性以及磷脂单分子层纳米气泡稳态空化的模拟。

表 2.1　TIP4P/2005 力场模型参数

相互作用点	σ_{LJ}/Å	ε_{LJ}/(kcal·mol^{-1})	q/e
O	3.1589	0.1852	0.0
H	0.0	0.0	0.5564
M	0.0	0.0	−1.1128

MARTINI 力场使用一个相互作用点代替四个左右重原子，并根据疏水程度不同将相互作用点分为四大类：极性相互作用点、非极性相互作用点、弱极性相互作用点和带电荷相互作用点。每一大类相互作用点又可以分为一系列子类，以更精确地描述其代替的原子结构的化学特性[148]，图 2.5 给出了 MARTINI 力场对水分子和 DPPC(dipalmitoyl phosphatidyl choline)磷脂等的映射示意图。

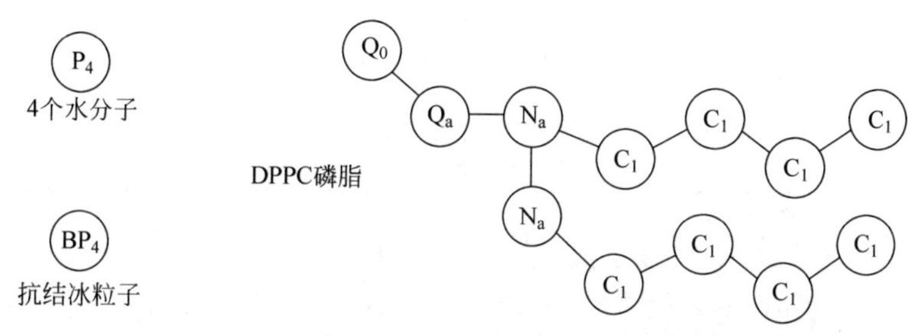

图 2.5　MARTINI 力场对水分子、抗结冰粒子和 DPPC 磷脂的映射示意图

注：其中 P_4 为极性相互作用点，N_a 为非极性相互作用点，C_1 为弱极性相互作用点，Q_0 和 Q_a 为带电荷相互作用点。

对于 MARTINI 力场中的相互作用点，其范德华相互作用采用 LJ 势能函数加以描述，静电相互作用则采用库仑定律加以描述。对于成键相互作用，则采用谐振动函数描述键伸缩和键角弯曲势能[148]。MARTINI 力场可以很好地描述水的密度和自扩散系数[147]，不过在模拟水的黏性、等温压缩率以及表面张力等物性上则精度一般[148,155]。此外，MARTINI 力场中的液态水在常温下或模拟体系中含有成核点(如固体表面)的时候都会结冰[148]，此时需要在模拟体系中加入水分子总量 10%左右的“抗结冰粒子”(antifreeze particle)以抑制结冰现象[156-158]。添加抗结冰粒子在有效抑制结冰现象的同时也会轻微影响溶剂的物性，导致液态水的密度和自扩散系数下降大约 10%。MARTINI 力场中部分相互作用对(参考图 2.5)的势能参数如表 2.2 所示[159]。

表 2.2 MARTINI 力场模型部分参数

相互作用对	σ_{LJ}/Å	ε_{LJ}/(kcal·mol^{-1})	相互作用对	σ_{LJ}/Å	ε_{LJ}/(kcal·mol^{-1})
BP_4-BP_4	4.7	1.195 030	N_a-P_4	4.7	0.956 024
BP_4-C_1	4.7	0.478 012	N_a-Q_0	4.7	0.956 024
BP_4-N_a	4.7	0.956 024	N_a-Q_a	4.7	0.956 024
BP_4-P_4	5.7	1.338 434	N_a-G_1	4.2	0.406 310
BP_4-Q_0	4.7	1.338 434	P_4-P_4	4.7	1.195 030
BP_4-Q_a	4.7	1.338 434	P_4-Q_0	4.7	1.338 434
BP_4-G_1	4.2	0.334 608	P_4-Q_a	4.7	1.338 434
C_1-C_1	4.7	0.836 521	P_4-G_1	4.2	0.334 608
C_1-N_a	4.7	0.645 316	Q_0-Q_0	4.7	0.836 521
C_1-P_4	4.7	0.478 012	Q_0-Q_a	4.7	1.075 527
C_1-Q_0	6.2	0.478 012	Q_0-G_1	4.9	0.334 608
C_1-Q_a	6.2	0.478 012	Q_a-Q_a	4.7	1.195 030
C_1-G_1	4.2	0.478 011	Q_a-G_1	4.9	0.334 608
N_a-N_a	4.7	0.956 024	G_1-G_1	3.6	0.382 409

作为模型验证，本书分别计算了 TIP4P/2005 模型和 MARTINI 模型构成的水-气界面的表面张力，模拟体系如图 2.6(a)和图 2.7(a)所示。对于垂直于 z 轴的水-气平界面，其表面张力 σ 的计算表达式为[145]

$$\sigma = \int_{-\infty}^{\infty} [p_N(z) - p_T(z)] dz \tag{2-11}$$

其中，$p_N(z)$为 z 处的法向应力，等于应力张量 $\boldsymbol{P}$ 的法向分量 $P_{zz}(z)$；$p_T(z)$为 z 处的切向应力，等于应力张量 $\boldsymbol{P}$ 的切向分量$(P_{xx}(z)+P_{yy}(z))/2$。由于模拟体系中存在两个水-气界面，故式(2-11)可以转化为

$$\sigma = \frac{1}{2} L_z (\bar{p}_N - \bar{p}_T) \tag{2-12}$$

其中，L_z 为 z 方向的模拟体系尺度，$\bar{p}_N$ 为 z 方向上法向应力的平均值，$\bar{p}_T$ 为 z 方向上切向应力的平均值。

参考文献中的工况，全原子模拟体系(图 2.6(a))的尺寸为 3 nm×3 nm×10 nm，含 1024 个水分子[145]。模拟采用 NVT 系综，体系温度 298 K，模拟时长 10 ns。在统计模拟中，模拟域在 z 方向被划分为厚度 0.1 nm 的平板计算域。在模拟时长内 $p_N - p_T$ 的系综平均如图 2.6(b)所示，代入式(2-12)即可求得表面张力系数为 68.9 mN·m^{-1}，与文献结果一致[145]。

这说明本书模拟工况中 TIP4P/2005 水分子力场模型得以正确运用。

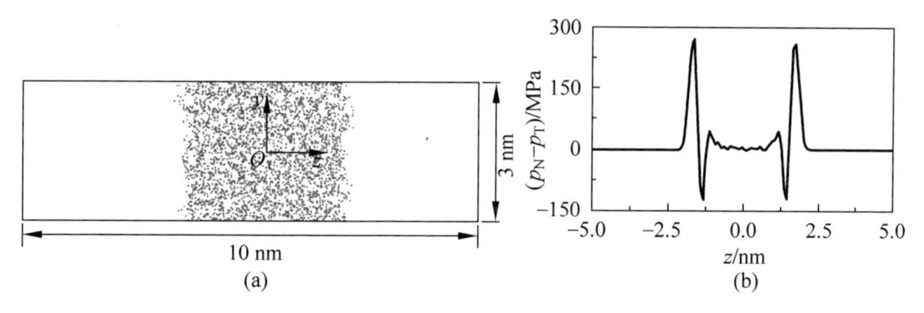

图 2.6　TIP4P/2005 模型验证

(a) 水-气界面模拟构型；(b) 法向应力与切向应力的差值沿 z 方向变化曲线

参考文献工况，粗粒化模拟体系(图 2.7(a))的尺寸为 7.2 nm×7.2 nm×28.8 nm，含 3200 个水相互作用点[148]。模拟采用 NVT 系综，体系温度 293 K，模拟时长 100 ns。在统计模拟中，模拟域在 z 方向被划分为厚度 0.1 nm 的平板计算域。在模拟时长内 p_N-p_T 的系综平均如图 2.7(b)所示，代入式(2-12)即可求得表面张力系数为 30.5 mN・m^{-1}，与文献结果一致[148]。这说明本书模拟工况中 MARTINI 水分子力场模型得以正确运用。

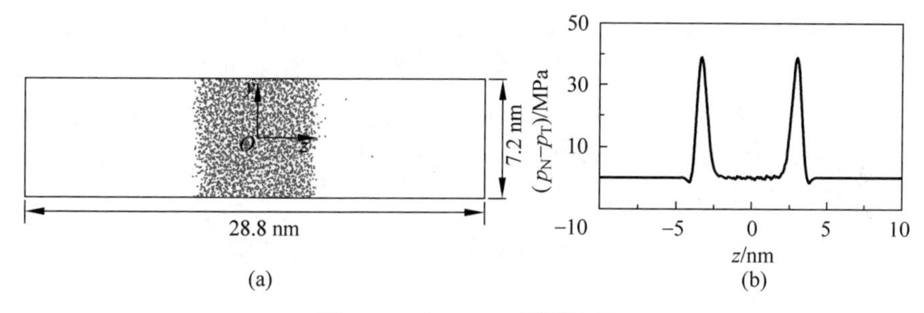

图 2.7　MARTINI 模型验证

(a) 水-气界面模拟构型；(b) 法向应力与切向应力的差值沿 z 方向变化曲线

2.2　经典空化理论与气泡动力学模型

针对空化初生和气泡动力学已经发展出很多经典理论。本节将简要介绍经典成核理论和 RP 方程的相关概念及理论推导，这些经典理论是本书进一步发展完善相关理论的参考和基础。

2.2.1 经典成核理论

经典成核理论(classical nucleation theory,CNT)最早可追溯到1926年Volmer和Weber[160]研究过饱和蒸气凝结的工作,后来又经Farkas[161]、Zeldovich[162]等逐步发展完善,被广泛应用于分析均质空化(homogeneous cavitation)①。此外,其也被扩展至异质空化(heterogeneous cavitation)的情形,如光滑固体壁面上发生的空化[53]。经典成核理论也是现代成核理论如密度泛函方法(density functional method)[163]和运动成核理论(kinetic nucleation theory)[164]的基础。本节的概念介绍和理论推导参考了Debenedetti[165]和Brennen[2]的相关专著。

在经典成核理论的框架下,空化初生是一个热力学活化过程:分子热运动使得液体内部不断形成寿命短暂的蒸气空穴,当热运动克服能量壁垒使蒸气空穴生长至临界尺寸后,空化便会发生。

当恒温液体的压强降低至其饱和蒸气压以下时,液体处于亚稳态②。经典成核理论假设在亚稳态液体中,蒸气空穴的尺寸分布可以达到一个动态平衡③,并设含有 n 个蒸气分子的蒸气空穴(简称 n 分子空穴)的平衡浓度为 $N(n)$(单位为 m^{-3})。当蒸气空穴的尺寸分布达到动态平衡后,n 分子空穴的浓度应保持不变,即

$$N(n-1)F(n-1)\alpha_C = N(n)F(n)\beta_C \tag{2-13}$$

其中,$F(n)$为 n 分子空穴的表面积,α_C 为单位时间通过单位表面积进入蒸气空穴的分子数量,β_C 是单位时间通过单位表面积离开蒸气空穴的分子数量。这里假设了 α_C 和 β_C 与蒸气空穴尺寸无关,且蒸气空穴的生长或收缩是以单分子为单位进行的。

在蒸气空穴的尺寸分布达到动态平衡分布之前,则用 $f(n)$指代 n 分子空穴的浓度,并设

$$J(n) = f(n-1)F(n-1)\alpha_C - f(n)F(n)\beta_C \tag{2-14}$$

为 n 分子空穴因单分子进入$(n-1)$分子空穴而形成的速率减去 n 分子空穴因单分子离开 n 分子空穴而消亡的速率,这里进一步假设了 α_C 和 β_C 与

① 不含任何杂质且不与固体表面接触的液体中发生的空化。

② 亚稳态是一个动态系统的稳定却非能量最低点的状态。对于物质的相态而言,可以使其状态参数越过相变点而不发生相变,所得到的状态即为亚稳态,如液体过热、蒸气过饱和等。

③ 蒸气空穴因分子热运动不断生成和消亡,只要其尺寸分布达到动态平衡的特征时间小于液体亚稳态的持续时间,该假设就是合理的。

蒸气空穴的尺寸分布是否达到动态平衡无关。将式(2-13)代入式(2-14)消去α_C,可得

$$J(n)=\beta_C F(n)N(n)\left[\frac{f(n-1)}{N(n-1)}-\frac{f(n)}{N(n)}\right] \tag{2-15}$$

根据$J(n)$的定义,可以用其计算n分子空穴的净生成速率[①]

$$\frac{\partial f(n,t)}{\partial t}=J(n)-J(n+1) \tag{2-16}$$

当蒸气空穴的尺寸分布达到动态平衡后,$\partial f(n,t)/\partial t=0$,进而由式(2-16)可得$J(n)=J(n+1)$,即$J(n)$与$n$无关,从而式(2-15)可以简化为

$$\frac{J}{\beta_C F(n)N(n)}=\frac{f(n-1)}{N(n-1)}-\frac{f(n)}{N(n)} \tag{2-17}$$

设临界尺寸蒸气空穴(简称临界空穴)所含的蒸气分子数为n^*。将式(2-17)从$n=2$累加到$n=\Lambda$(Λ为远大于n^*的充分大的数),得

$$J=\frac{\dfrac{f(1)}{N(1)}-\dfrac{f(\Lambda)}{N(\Lambda)}}{\displaystyle\sum_{n=2}^{\Lambda}\frac{1}{\beta_C F(n)N(n)}} \tag{2-18}$$

对于压强低于饱和蒸气压的亚稳态液体体系,其中液相分子应占绝大多数,故式(2-18)中$f(1)/N(1)=1$。此外,考虑到经典成核理论描述的是空化初生起始阶段的体系演变,在对应时间尺度内,可认为对于充分大的Λ,$f(\Lambda)$为0,否则空化应已在多处发生[165]。从而式(2-18)可以进一步化简为

$$J=\frac{1}{\displaystyle\sum_{n=2}^{\Lambda}\frac{1}{\beta_C F(n)N(n)}} \tag{2-19}$$

式(2-19)表明,空化速率(单位时间在单位体积内形成临界空穴,即发生空化初生的次数)的计算被转变为一个求蒸气空穴尺寸的平衡分布的问题,而求该平衡分布需要分析计算形成蒸气空穴所需要的能量。假设蒸气空穴的尺寸大于分子的特征尺寸,则形成n分子空穴所需要的能量为

$$W(n)=\sigma_0 F(n)+(P_1-P_v)V_v+n[\mu_v(T,P_v)-\mu_1(T,P_1)] \tag{2-20}$$

---

① n分子空穴净生成速率$=n$分子空穴生成速率$-n$分子空穴消亡速率$=$单分子加入$(n-1)$分子空穴速率$+$单分子离开$(n+1)$分子空穴速率$-$单分子加入n分子空穴速率$-$单分子离开n分子空穴速率$=J(n)-J(n+1)$。

其中，σ_0 为气-液界面表面张力系数，P_l 为亚稳态液体的压强，P_v 为蒸气空穴内部的压强，T 为亚稳态液体和蒸气空穴内的温度，V_v 为蒸气空穴的体积，μ_l 和 μ_v 分别为亚稳态液体和蒸气空穴内部分子的化学势。这里假设了表面张力的概念可以适用于空泡仅有数个分子间距大小的尺度，且曲界面表面张力系数恒等于平界面的值[2]。设 P^* 为临界空穴内的压力，则 $\mu_l(T,P_l)=\mu_v(T,P^*)$[165]。而在体系温度远低于液体的临界温度时，蒸气空穴内部可以视作理想气体，故

$$\mu_v(T,P_v)-\mu_v(T,P^*)=k_B T\ln\frac{P_v}{P^*} \tag{2-21}$$

假设 n 分子空穴为半径 R 的球形，依据理想气体定律

$$\frac{4\pi R^3}{3}P_v=nk_B T \tag{2-22}$$

将式(2-21)和式(2-22)代入式(2-20)，可得

$$W(R,P_v)=4\pi R^2\sigma_0-\frac{4\pi R^3}{3}(P_v-P_l)+\frac{4\pi R^3 P_v}{3}\ln\frac{P_v}{P^*} \tag{2-23}$$

式(2-23)表明，形成蒸气空穴所需的能量是其半径和内部压强的函数。式(2-23)中的第一项为面积功项，与蒸气空穴表面积变化相关；第二项为体积功项，与蒸气空穴体积变化相关；第三项为化学势项，与气液相变相关，其相比于前两项为小量[2]。图 2.8 给出了形成蒸气空穴所需能量随其半径变化的示意图。由于式(2-23)中第一项为平方项，第二项为立方项，故能量壁垒 W 随 R 先增后减，并在蒸气空穴临界尺寸 R^* 处取最大值。根据能量最低原理，蒸气空穴倾向于朝其能量最低的方向演变，尺寸小于 R^* 的

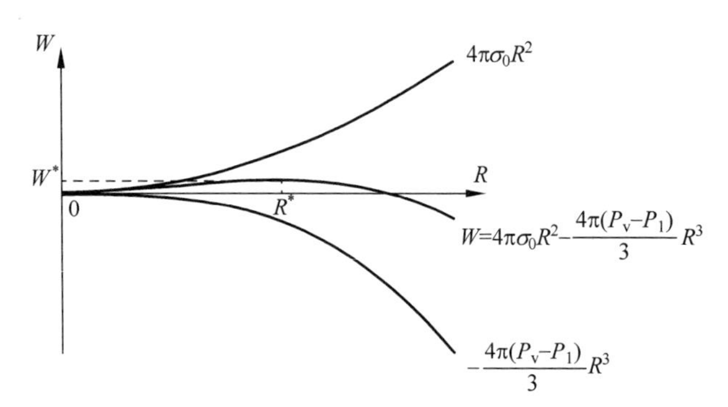

图 2.8 形成蒸气空穴所需能量随其半径变化的示意图

蒸气空穴会自发收缩，而尺寸大于 R^* 的蒸气空穴则会自发生长，故临界空穴与亚稳态液体处于不稳定平衡。当体系克服能量壁垒形成临界空穴后，空化便随之发生。

前文提到，临界空穴与亚稳态液体处于不稳定平衡，故应有[165]

$$P^* - P_l = \frac{2\sigma_0}{R^*} \tag{2-24}$$

取 $P_v = P^*$，并将式(2-24)代入式(2-23)，可得形成临界空穴所需的能量为

$$W^* = \frac{4\pi\sigma_0 R^{*2}}{3} \tag{2-25}$$

对于蒸气空穴尺寸略微偏离临界尺寸的情况，可以把式(2-23)做泰勒展开得

$$W(R, P_v) \approx W^* + \frac{1}{2}W_{RR}(R - R^*)^2 + \frac{1}{2}W_{P_vP_v}(P_v - P^*)^2 + W_{RP_v}(R - R^*)(P_v - P^*) \tag{2-26}$$

在上述泰勒展开中，一阶偏导数在临界空穴的情况下取值为 0，而 W_{RR}、$W_{P_vP_v}$ 和 W_{RP_v} 为二阶偏导数。由式(2-23)求得各个二阶偏导数代入式(2-26)得

$$W(R, P_v) \approx \frac{4\pi\sigma_0 R^{*2}}{3} - 4\pi\sigma_0(R - R^*)^2 + \frac{2\pi R^{*3}}{3P^*}(P_v - P^*)^2 \tag{2-27}$$

对于蒸气空穴尺寸略微偏离临界尺寸的情况，其内部压强可以近似取为临界空穴的值，即 $P_v = P^*$。从而式(2-27)可以化简为

$$W(R) \approx \frac{4\pi\sigma_0 R^{*2}}{3} - 4\pi\sigma_0(R - R^*)^2 \tag{2-28}$$

在求得形成蒸气空穴所需要的能量后，便可以用其估计蒸气空穴尺寸的动态平衡分布。n 分子空穴的平衡浓度应满足[165]

$$N(n) \propto \exp\left[-\frac{W(n)}{k_B T}\right] \tag{2-29}$$

考虑到当 $n=1$ 时 $W=0$，故式(2-29)中的比例常数应为亚稳态液体的分子数密度 N_0，即

$$N(n) = N_0 \exp\left[-\frac{W(n)}{k_B T}\right] \tag{2-30}$$

最后，将式(2-28)和式(2-30)代入式(2-19)，并将求和替换为积分。在求积分过程中，先将积分变量从 n 变换为 R，再将积分变量从 R 变换为

$\Delta R = R - R^*$。考虑到被积函数为只在临界尺寸 R^* 处取峰值的指数函数，在峰值附近的积分值对整个积分贡献最大，故可以假设蒸气空穴内压力为 P^* 保持不变，从而 $\beta_C = P^*/\sqrt{2\pi m k_B T}$ 为常数。同时将积分区间从 $[-R^*, R_\Lambda - R^*]$（$R_\Lambda \ll R^*$）扩展为 $[-\infty, +\infty]$ 以便于求积分。最终结果为

$$\begin{aligned} J &= \beta_C N_0 \frac{1}{\int_2^\Lambda \exp\left[-\frac{W(n)}{k_B T}\right] \frac{1}{F(n)} \mathrm{d}n} \\ &= \beta_C N_0 \exp\left[-\frac{W(R^*)}{k_B T}\right] \frac{1}{\int_0^{R_\Lambda} \frac{1}{4\pi R^2} \exp\left[-\frac{4\pi\sigma_0 (R - R^*)^2}{k_B T}\right] \mathrm{d}R} \\ &= \beta_C N_0 \exp\left[-\frac{W(R^*)}{k_B T}\right] \frac{1}{\int_{-\infty}^{+\infty} \frac{P^*}{k_B T} \exp\left[-\frac{4\pi\sigma_0 (\Delta R)^2}{k_B T}\right] \mathrm{d}(\Delta R)} \\ &= N_0 \sqrt{\frac{2\sigma_0}{\pi m}} \exp\left[-\frac{16\pi}{3k_B T} \frac{\sigma_0^3}{(P^* - P_1)^2}\right] \end{aligned} \tag{2-31}$$

在式(2-31)中，P^* 仍是未知的，故需要进一步引入 Poynting 修正[53]

$$\begin{cases} P^* - P_1 = \delta_P (P_e - P_1) \\ \delta_P = 1 - \dfrac{P_e}{N_0 k_B T} \end{cases} \tag{2-32}$$

其中，δ_P 为 Poynting 修正因子，P_e 是给定温度下的饱和蒸气压。将式(2-32)代入式(2-31)，可得

$$J = N_0 \sqrt{\frac{2\sigma_0}{\pi m}} \exp\left[-\frac{16\pi}{3k_B T} \frac{\sigma_0^3}{\delta_P^2 (P_e - P_1)^2}\right] \tag{2-33}$$

式(2-33)描述了给定液体压力和温度等情况下的空化速率。此外，也可以用式(2-33)预测空化阈值 P_{cav}。假设液体压力维持于 P_1，且持续时间为 t_{ob}，则空化概率为

$$\Sigma_{cav} = 1 - \exp(-J V_1 t_{ob}) \tag{2-34}$$

其中，V_1 为液体的体积。根据 Caupin 等[166]的定义，空化阈值为 $\Sigma_{cav} = 0.5$ 时的液体压力。从而可以计算出空化阈值为

$$P_{cav} = P_e - \sqrt{-\frac{16\pi\sigma_0^3}{3k_B T \delta_P^2 \ln\left(\frac{\ln(2)}{N_0 V_1 t_{ob}} \sqrt{\frac{\pi m}{2\sigma}}\right)}} \tag{2-35}$$

2.2.2 RP 方程

RP 方程于 1971 年由 Rayleigh[167] 首次导出，之后由 Plesset[105] 进一步发展完善，用于描述无限区域不可压液体中单个球形空泡的气泡动力学行为。研究表明，RP 方程可以很好地描述微米乃至纳米尺度空泡的溃灭[168-171] 和稳态空化[172]。本节的概念介绍和理论推导参考了 Brennen[2] 的相关专著。

对于一个半径为 $R(t)$ 的球形气泡，假设其内部气体/蒸气分子处于热力学平衡态，泡内温度 $T_G(t)$ 和压强 $P_G(t)$ 均匀。气泡之外为体积无限大的不可压液体，且设远离气泡处的液体温度 T_l（假设液体温度不随时间变化）和压力 $P_l(t)$ 也均匀。采用球坐标系，并取气泡中心为原点，用 r 表示液体中某点距坐标原点的距离，该处的径向速度为 $v_r(r,t)$。由质量守恒可得

$$v_r(r,t)=\frac{F(t)}{r^2} \tag{2-36}$$

其中，$F(t)$ 可通过气泡运动边界条件与 $R(t)$ 关联。假设在气泡界面处不存在质量输运，则有 $v_r(R,t)=\mathrm{d}R/\mathrm{d}t$，从而

$$F(t)=R^2\frac{\mathrm{d}R}{\mathrm{d}t} \tag{2-37}$$

假设液体为牛顿流体，则球坐标下径向的 Navier-Stokes 方程为

$$-\frac{1}{\rho_l}\frac{\partial P_l}{\partial r}=\frac{\partial v_r}{\partial t}+v_r\frac{\partial v_r}{\partial r}-\frac{\mu_l}{\rho_l}\left[\frac{1}{r^2}\frac{\partial}{\partial r}\left(r^2\frac{\partial v_r}{\partial r}\right)-\frac{2v_r}{r^2}\right] \tag{2-38}$$

其中，ρ_l 为液体密度，μ_l 为液体黏性。将式(2-36)代入式(2-38)，可得

$$\frac{1}{\rho_l}\frac{\partial P_l}{\partial r}=\frac{1}{r^2}\frac{\mathrm{d}F}{\mathrm{d}t}-\frac{2F^2}{r^5} \tag{2-39}$$

在由式(2-38)推导式(2-39)的过程中，式(2-38)方括号中的两项互相抵消，从而消去了黏性项。RP 方程中唯一的黏性项贡献来自气泡的动态边界条件。对式(2-39)在径向方向上从 R 到无穷大积分，可得

$$\frac{P_{r=R}-P_l(t)}{\rho_l}=\frac{1}{R}\frac{\mathrm{d}F}{\mathrm{d}t}-\frac{F^2}{2R^4}=R\frac{\mathrm{d}^2R}{\mathrm{d}t^2}+\frac{3}{2}\left(\frac{\mathrm{d}R}{\mathrm{d}t}\right)^2 \tag{2-40}$$

其中，$P_{r=R}$ 为液体中临近气泡边界处的压力，可由气泡的动态边界条件求得。考虑气泡界面上一面积无穷小厚度无穷薄的球冠控制体（见图 2.9）。这一薄层控制体单位面积所受的径向向外的合力为

$$(P_{rr})_{r=R}+P_{\mathrm{G}}-\frac{2\sigma_0}{R} \tag{2-41}$$

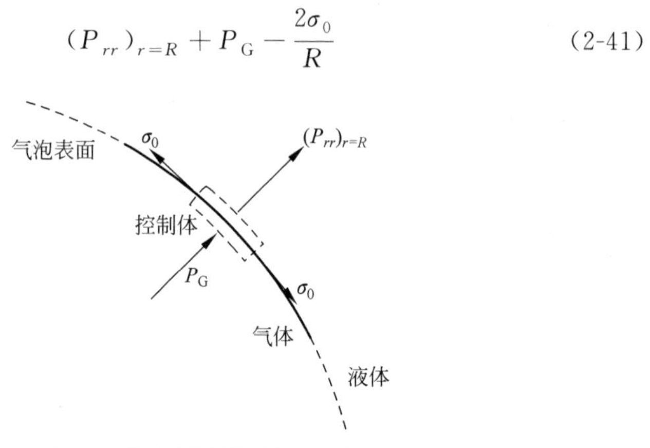

图 2.9　气泡界面控制体示意图

其中，$(P_{rr})_{r=R}$ 为液体中临近气泡边界处的应力张量径向分量，其表达式为

$$(P_{rr})_{r=R}=-P_{r=R}+2\mu_1\left(\frac{\partial v_r}{\partial r}\right)_{r=R}=-P_{r=R}-\frac{4\mu_1}{R}\frac{\mathrm{d}R}{\mathrm{d}t} \tag{2-42}$$

将式(2-42)代入式(2-41)，可得薄层控制体单位面积所受的径向向外的合力为

$$P_{\mathrm{G}}-P_{r=R}-\frac{4\mu_1}{R}\frac{\mathrm{d}R}{\mathrm{d}t}-\frac{2\sigma_0}{R} \tag{2-43}$$

在不考虑通过气泡界面的质量输运的情况下，控制体所受径向向外的合力应为 0，从而可以由式(2-43)求得 $P_{r=R}$，并进一步代入式(2-40)，即可推导出描述气泡动力学的 RP 方程

$$\frac{P_{\mathrm{G}}(t)-P_1(t)}{\rho_1}=R\frac{\mathrm{d}^2R}{\mathrm{d}t^2}+\frac{3}{2}\left(\frac{\mathrm{d}R}{\mathrm{d}t}\right)^2+\frac{4\mu_1}{R}\frac{\mathrm{d}R}{\mathrm{d}t}+\frac{2\sigma_0}{R} \tag{2-44}$$

已知空泡内部压强 $P_{\mathrm{G}}(t)$ 及液体压强 $P_1(t)$ 的条件下，即可由 RP 方程解得气泡半径的时间演变 $R(t)$。

2.3　本章小结

本章系统地介绍了本书所采用的分子动力学模拟方法的相关概念、模型与算法，以及开展理论分析所遵循的经典空化初生和气泡动力学理论基础。

2.1 节介绍了分子动力学基本原理。分子动力学模拟的控制方程是有限数目原子的牛顿方程，本书采用开源分子动力学软件 LAMMPS 对其进行数值求解。针对不同的模拟体系，本书分别采用了周期性边界条件和非周期性边界条件。为了控制模拟体系温度和压强按预设演变，本书也针对不同的模拟体系，分别采用了 Nosé-Hoover 控温控压方法、Berendsen 控温方法以及活塞控压方法。为了覆盖数纳米到百纳米的模拟尺度，本书分别开展了全原子和粗粒化分子动力学模拟。全原子模拟中选取了 TIP4P/2005 水分子模型，粗粒化模拟中选取了 MARTINI 模型。本章也对活塞控压方法进行了算例验证，表明其可以很好地控制体系压强按照预设演变。同时，也对书中采用的水分子力场模型进行了算例验证，确保其得以正确使用。

2.2 节介绍了经典成核理论以及 Rayleigh-Plesset(RP)方程的相关概念及推导，这些经典理论是本书进一步发展完善相关空化理论的基础。在第 3 章基于纳米固体颗粒空化初生的研究中，将会基于经典成核理论发展对应的理论模型，以揭示纳米固体颗粒对空化阈值的影响规律。在第 5 章磷脂单分子层纳米气泡稳态空化的研究中，将基于 RP 方程发展对应的气泡动力学模型，以揭示磷脂单分子层纳米气泡的超声响应特性。

第3章 含纳米颗粒液体空化初生理论及分子动力学模拟

本章将结合理论模型分析和分子动力学模拟，对基于纳米固体颗粒的空化初生开展研究。经典成核理论被广泛用于分析均质空化[55,173]，其也被扩展至异质空化的情形，如光滑固体壁面上发生的空化[53]。本章在经典成核理论的基础上进一步发展了基于纳米固体颗粒空化初生的理论模型，然后开展分子动力学模拟对其进行验证。分子动力学模拟已被成功用于模拟均质空化[174-175]和异质空化[17,176]，其可以观测到空化初生的微观过程，从而辅助理论分析并验证理论模型。参考相关的模拟工作[17,175-176]，本章采用分子动力学方法模拟了水中基于纳米固体颗粒的空化初生。通过理论分析与模拟验证，分析基于纳米固体颗粒空化初生的物理机制，揭示纳米固体颗粒等效尺寸及液体温度对空化阈值的定量影响。

3.1 含纳米固体颗粒液体的空化初生理论模型

3.1.1 物理模型

在构建基于纳米固体颗粒空化初生的物理模型之前，有必要先对研究对象的特征进行简要分析。首先，纳米固体颗粒的表面形状通常是不规则的，其在液体中的尺寸分布也较为分散，这些因素都会影响其空化促进效果；其次，纳米固体颗粒的表面亲疏水性通常并不一致，且疏水颗粒有着更强的空化促进效果[17,46,59]；最后，纳米固体颗粒复杂的形貌可能会导致其表面存有类似 Cassie 浸润状态[177]的气态空穴[178]，此时需要将固体颗粒及表面空穴的空化促进作用整体对待。由于纳米固体颗粒存在上述复杂特性，有必要在物理模型中对其做适当的简化假设。需要指出的是，在液体中溶解气体过饱和的情况下，悬浮颗粒表面也可能存有内部高压高密度[65]的纳米气泡[64-70]，此类情形不在本章考虑范围内(纯化水经过了除气处理)。

为了简化物理模型，可以从纳米固体颗粒促进空化初生的效果出发，用具有等效尺寸(半径 R_0)的蒸气空穴将其替代。随着纳米固体颗粒表面形貌、表面亲疏水性,乃至颗粒尺寸的变化,等效空穴的尺寸(不必完全等同于颗粒尺寸)可以做出适应性的改变,以体现纳米固体颗粒的空化促进效果。本章后续将给出这一等效简化的合理性验证。

在前述等效空穴简化假设的基础上,物理模型进一步聚焦于只含一个等效空穴的立方体液体控制体(体积 V_1),如图3.1所示,如此便简化了研究对象和理论推导过程。此外,模型假设液体控制体远离容器壁面。在所构建的物理模型中,位于立方体液体控制体中心的球形等效空穴即构成了空化初生唯一的"薄弱点"。

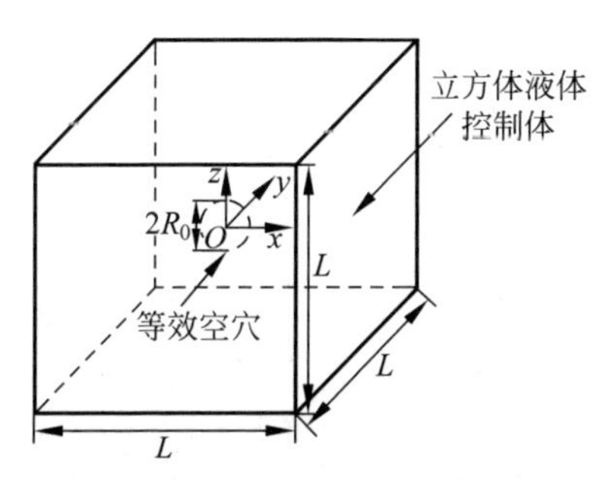

图3.1　中心含一球形等效空穴的立方体液体控制体研究对象

当液体压强降低至空化阈值时,分子热运动将足以克服能量壁垒,在纳米固体颗粒(本模型中的球形等效空穴)基础上形成临界尺寸蒸气空穴,空化便会随之初生。接下来将针对本节构建的物理模型,进一步推导对应的数学模型,以揭示空化阈值随等效空穴尺寸及液体物性的变化规律。

3.1.2　数学模型

本节将基于3.1.1节构建的物理模型,在经典成核理论的基础上进一步发展基于纳米固体颗粒空化初生的数学模型。经典成核理论的相关概念和推导已于2.2.1节详细介绍。在经典成核理论的框架下,空化初生是一个热力学活化过程:分子热运动克服能量壁垒形成临界尺寸的蒸气空穴(简称临界空穴)后,空化便会随之发生。对于3.1.1节构建的物理模型,球形等效空穴的存在降低了形成临界空穴所需克服的能量壁垒,故而空化将优先在等效空穴处发生。根据经典成核理论,在单位时间单位液体体积中

形成临界空穴的速率，亦即空化速率 J 为①

$$J=\frac{1}{\sum_{n=2}^{\Lambda}\frac{1}{\beta_{\mathrm{C}}F(n)N(n)}} \tag{3-1}$$

其中，β_{C} 是单位时间通过单位表面积离开蒸气空穴的分子数量，$N(n)$为在等效空穴基础上形成的含有 n 个蒸气分子的蒸气空穴（简称 n 分子空穴）的平衡浓度（单位为 m^{-3}），$F(n)$为 n 分子空穴的表面积。设在等效空穴基础上形成的临界空穴所含蒸气分子数为 n^*，则 Λ 为远大于 n^* 的充分大的数。根据气体动理论，$\beta_{\mathrm{C}}=P_{\mathrm{v}}/\sqrt{2\pi m k_{\mathrm{B}}T}$，其中 P_{v} 为蒸气空穴中的压强，m 为分子质量，k_{B} 为玻尔兹曼常数，T 为液体温度。根据式(3-1)，空化速率的计算被转变为一个求蒸气空穴尺寸的平衡分布的问题，而求该平衡分布需要计算形成蒸气空穴所需要的能量。假设 n 分子空穴为半径 R 的球形，则其形成所需要克服的能量壁垒为

$$W(R,P_{\mathrm{v}})=4\pi(R^2-R_0^2)\sigma_{\mathrm{c}}-\frac{4\pi}{3}(R^3-R_0^3)(P_{\mathrm{v}}-P_{\mathrm{l}})+\frac{4\pi P_{\mathrm{v}}}{3}(R^3-R_0^3)\ln\frac{P_{\mathrm{v}}}{P^*} \tag{3-2}$$

其中，R_0 为等效空穴的半径，σ_{c} 为表面张力系数，P^* 为临界空穴内的压强。经典成核理论假设表面张力的概念可以适用于空泡仅有数个分子间距大小的尺度，且曲界面表面张力系数恒等于平界面值[2]。然而，当曲界面曲率半径小于 10 nm 时，其表面张力系数会与平界面值有较为显著的偏差[179]。考虑到本章研究中等效空穴尺寸可小至数纳米，故应引入 Tolman 方程[180-181] $\sigma(R)=\sigma_0(1+2\delta_{\mathrm{T}}/R)$描述界面曲率对表面张力系数的影响；其中，$\sigma_0$ 为平界面的表面张力系数，$\delta_{\mathrm{T}}=-0.56$ Å 为 Tolman 因子[179]。为了简化理论推导，这里假设曲界面表面张力系数为常数，其值恒等于等效空穴的初始表面张力系数，即 $\sigma_{\mathrm{c}}=\sigma_0(1+2\delta_{\mathrm{T}}/R_0)$。

式(3-2)表明，形成蒸气空穴所需的能量是其半径和内部压强的函数。式(3-2)中的第一项为面积功项，与蒸气空穴表面积变化相关，这里用 W_{S} 表示；第二项为体积功项，与蒸气空穴体积变化相关，这里用 W_{V} 表示；第三项为化学势项，与气液相变相关，其相比于前两项为小量[2]。图 3.2 给出了形成蒸气空穴所需能量随其半径变化的示意图。由于式(3-2)中第一项为平

① 推导参见 2.2.1 节。

方项，第二项为立方项，故能量壁垒 W 随 R 先增后减，并在蒸气空穴临界尺寸 R^* 处取最大值。根据能量最低原理，蒸气空穴倾向于朝其能量最低的方向演变，尺寸小于 R^* 的蒸气空穴会自发收缩，而尺寸大于 R^* 的蒸气空穴则会自发生长，故临界空穴与亚稳态液体处于不稳定力学平衡状态。当体系克服能量壁垒形成临界空穴后，空化便随之发生。

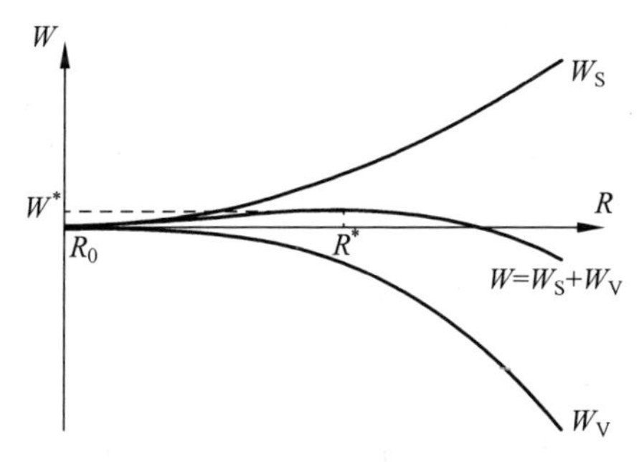

图3.2　形成蒸气空穴所需能量随其半径变化的示意图

临界空穴的尺寸可以由 $\mathrm{d}W/\mathrm{d}R=0$ 求得

$$R^* = \frac{2\sigma_c}{P^* - P_l} = \frac{2\sigma_c}{\delta_P(P_e - P_l)} \tag{3-3}$$

其中，$\delta_P = 1 - P_e/(N_0 k_B T)$ 为 Poynting 修正因子[53]，N_0 为亚稳态液体的分子数密度，P_e 是给定温度下的饱和蒸气压。式(3-3)等同于 Laplace 定律[2]。

由式(3-3)可知，临界空穴尺寸 R^* 依赖于表面张力系数和液体亚稳态程度($P_e - P_l$)。如果表面张力系数和液体亚稳态程度保持不变，那么无论物理模型中的等效空穴是否存在，R^* 皆保持不变。存在的等效空穴对空化初生的促进效果在于其减小了形成临界空穴所需克服的能量壁垒。在存有等效空穴的情况下，空化初生过程可以描述为：分子热运动使得蒸气空穴从等效空穴的初始尺寸 R_0 生长至临界尺寸 R^*，其后空泡便会自发生长。将 R^* 表达式(3-3)代入式(3-2)，即可求得形成临界空穴所需克服的能量壁垒为

$$W^* = \frac{4\pi\sigma_c R^{*2}}{3}\left[1 - \left(3 - \frac{2R_0}{R^*}\right)\left(\frac{R_0}{R^*}\right)^2\right] \tag{3-4}$$

式(3-3)和式(3-4)表明，当液体压强降低，从而液体亚稳态程度($P_e - P_l$)增大时，临界空穴的尺寸和形成临界空穴所需克服的能量壁垒皆降低。

当液体压强降低至空化阈值后，形成临界空穴所需克服的能量壁垒被分子热运动克服，空化初生。

对于蒸气空穴尺寸略微偏离临界尺寸的情况，可以对式(3-2)做泰勒展开得

$$W(R,P_v) \approx W^* + \frac{1}{2}W_{RR}(R-R^*)^2 + \frac{1}{2}W_{P_vP_v}(P_v-P^*)^2 + W_{RP_v}(R-R^*)(P_v-P^*) \tag{3-5}$$

在上述泰勒展开中，一阶偏导数在临界空穴的情况下取值为0，而W_{RR}、$W_{P_vP_v}$和W_{RP_v}为二阶偏导数。由式(3-2)求得各个二阶偏导数代入式(3-5)得

$$W(R,P_v) \approx 4\pi\sigma_c(R^{*2}-R_0^2) - \frac{4\pi}{3}(R^{*3}-R_0^3)(P^*-P_1) - 4\pi\sigma_c(R-R^*)^2 - 4\pi(P_v-P^*)(R-R^*)R^{*2} \tag{3-6}$$

对于蒸气空穴尺寸略微偏离临界尺寸的情况，其内部压强可以近似取为临界空穴的值，即$P_v=P^*$。从而式(3-6)可以化简为

$$W(R) \approx \frac{4\pi\sigma_c R^{*2}}{3}\left[1-\left(3-\frac{2R_0}{R^*}\right)\left(\frac{R_0}{R^*}\right)^2\right] - 4\pi\sigma_c(R-R^*)^2 \tag{3-7}$$

在求得形成蒸气空穴所需要的能量后，便可以用其估计蒸气空穴尺寸的动态平衡分布。n分子空穴的平衡浓度应满足[165]

$$N(n) \propto \exp\left[-\frac{W(n)}{k_B T}\right] \tag{3-8}$$

其中，$W(n)$为形成n分子空穴所需克服的能量壁垒。考虑到当$n=1$时$W=0$，$N(1)$为等效空穴表面的分子数，从而式(3-8)中的比例常数应为单位液体体积中位于等效空穴表面处的分子数量$a_C N_0^{2/3}$，其中$a_C=4\pi R_0^2/V_1$为单位液体体积中等效空穴的表面积，N_0为亚稳态液体的分子数密度。将比例常数代入式(3-8)，可得

$$N(n) = a_C N_0^{2/3} \exp\left[-\frac{W(n)}{k_B T}\right] \tag{3-9}$$

最后，将式(3-7)和式(3-9)代入式(3-1)，并将求和替换为积分。在求积分过程中，先将积分变量从n变换为R，再将积分变量从R变换为$\Delta R=R-R^*$。考虑到被积函数为只在临界尺寸R^*处取峰值的指数函数，在峰值附近的积分值对整个积分贡献最大，故可以假设蒸气空穴内压力为P^*保持不变，从而$\beta_C=P^*/\sqrt{2\pi m k_B T}$为常数。同时将积分区间从$[-R^*, R_\Lambda-R^*]$($R_\Lambda \ll R^*$)扩展为$[-\infty,+\infty]$以便于求积分。最终求

积分结果为

$$
\begin{aligned}
J &= a_{\mathrm{C}}\beta_{\mathrm{C}}N_0^{2/3}\frac{1}{\int_2^{\Lambda}\exp\left[-\dfrac{W(n)}{k_{\mathrm{B}}T}\right]\dfrac{1}{F(n)}\mathrm{d}n} \\
&= a_{\mathrm{C}}\beta_{\mathrm{C}}N_0^{2/3}\exp\left[-\frac{W(R^*)}{k_{\mathrm{B}}T}\right]\frac{1}{\int_0^{R_\Lambda}\dfrac{1}{4\pi R^2}\exp\left[-\dfrac{4\pi\sigma_{\mathrm{c}}(R-R^*)^2}{k_{\mathrm{B}}T}\right]\mathrm{d}R} \\
&= a_{\mathrm{C}}\beta_{\mathrm{C}}N_0^{2/3}\exp\left[-\frac{W(R^*)}{k_{\mathrm{B}}T}\right]\frac{1}{\int_{-\infty}^{+\infty}\dfrac{P^*}{k_{\mathrm{B}}T}\exp\left[-\dfrac{4\pi\sigma_{\mathrm{c}}(\Delta R)^2}{k_{\mathrm{B}}T}\right]\mathrm{d}(\Delta R)} \\
&= a_{\mathrm{C}}N_0^{2/3}\sqrt{\frac{2\sigma_{\mathrm{c}}}{\pi m}}\exp\left[-\frac{16\pi}{3k_{\mathrm{B}}T}\frac{\sigma_{\mathrm{c}}^3}{(P^*-P_{\mathrm{l}})^2}\left(1-\left(3-\frac{R_0(P^*-P_{\mathrm{l}})}{\sigma_{\mathrm{c}}}\right)\left(\frac{R_0(P^*-P_{\mathrm{l}})}{2\sigma_{\mathrm{c}}}\right)^2\right)\right] \\
&= J_0\exp\left[-\frac{16\pi}{3k_{\mathrm{B}}T}\frac{\sigma_{\mathrm{c}}^3}{\delta_{\mathrm{P}}^2(P_{\mathrm{e}}-P_{\mathrm{l}})^2}\left(1-\left(3-\frac{R_0\delta_{\mathrm{P}}(P_{\mathrm{e}}-P_{\mathrm{l}})}{\sigma_{\mathrm{c}}}\right)\left(\frac{R_0\delta_{\mathrm{P}}(P_{\mathrm{e}}-P_{\mathrm{l}})}{2\sigma_{\mathrm{c}}}\right)^2\right)\right]
\end{aligned} \tag{3-10}
$$

其中，$J_0=4\sqrt{2\sigma_{\mathrm{c}}/\pi m}\,R_0^2N_0^{2/3}/V_{\mathrm{l}}$。式(3-10)描述了给定液体压强和温度等情况下的空化速率。此外，也可以用式(3-10)预测空化阈值 P_{cav}。假设液体压强维持于 P_{l}，且持续时间为 t_{ob}，则空化概率为

$$
\Sigma_{\mathrm{cav}}=1-\exp(-JV_{\mathrm{l}}t_{\mathrm{ob}}) \tag{3-11}
$$

其中，V_{l} 为液体的体积。根据 Caupin 等[166]的定义，空化阈值为 $\Sigma_{\mathrm{cav}}=0.5$ 时的液体压强。结合式(3-10)和式(3-11)，即可代数求解空化阈值。

接下来利用推导的理论模型预测纯水中含有纳米固体颗粒(简化为等效空穴)时的空化阈值。参考 Herbert 等[56]的超声空化实验，模型参数选取为 $V_{\mathrm{l}}=2.1\times10^{-4}\ \mathrm{mm}^3$，以及 $t_{\mathrm{ob}}=4.5\times10^{-8}\ \mathrm{s}$。同样的参数也被代入经典成核理论式(2-35)以和本书的理论模型预测结果进行比较，二者比较结果如图 3.3 所示。

图 3.3(a)给出了水温保持 298 K 不变的情况下，空化阈值随纳米固体颗粒等效半径变化的趋势。结果表明，一个等效半径约 5 nm 的固体颗粒即可以把纯水的空化阈值降低至约−30 MPa(以往的纯化水空化实验通常取得的最大值)。这表明本书的模型可以很好地解释纯化水空化阈值实验值与理论预测值的巨大偏差。此外，即便纳米颗粒的等效半径仅 1 nm，其也可以显著降低空化阈值，且纳米颗粒等效半径越大，其对空化阈值的降低程度越大，这与以往分子动力学模拟研究[17,59]得出的结论一致。不过，随着纳米颗粒等效半径的增大，空化阈值降低的速度会下降，由图 3.3(a)中

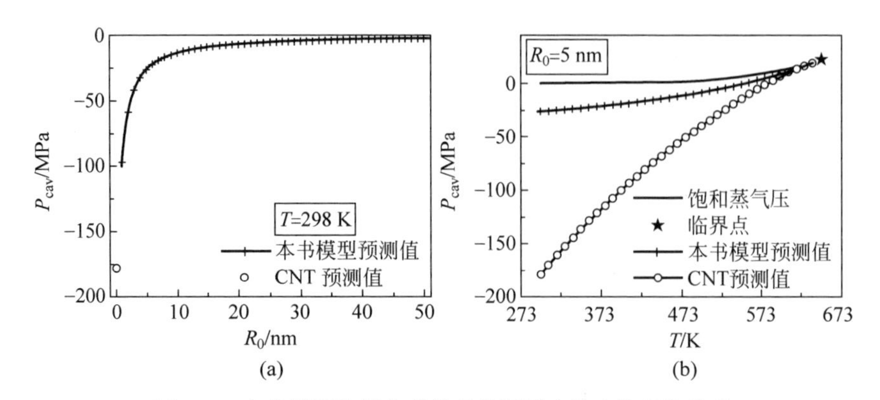

图 3.3 本书模型和经典成核理论预测水的空化阈值比较

(a) 纳米固体颗粒等效半径对空化阈值的影响；(b) 水的温度对空化阈值的影响

曲线的斜率随半径增大而显著减小得以体现。对这一趋势可以做如下解释，由式(3-10)可得，在特定条件下 $R_0^3(P_e-P_{cav})$近似为常数，从而有 $P_{cav}\approx -(C/R_0^3+P_e)$，其中 C 为常数。进而可以计算求得$\partial P_{cav}/\partial R_0\propto 1/R_0^4$，即随着 R_0 增大，空化阈值的下降速度变慢。这一趋势可以解释以往实验中的现象：当纳米颗粒尺寸较大时，进一步增大颗粒尺寸不能使空化阈值有显著下降[58]。图 3.3(b)给出了纳米固体颗粒等效半径保持 5 nm 不变时，空化阈值随水温变化的趋势。结果表明，当纳米颗粒的等效尺寸不变时，其降低空化阈值的能力会随着液体温度升高而下降，并在液体温度接近临界温度时可以忽略不计。

为了验证本节模型，接下来将采用分子动力学方法模拟基于纳米固体颗粒的空化初生，观测空化初生的微观过程，揭示纳米固体颗粒尺寸及液体温度对空化阈值的定量影响。

3.2 含纳米固体颗粒液体的空化初生分子动力学模拟

3.2.1 模拟方法及数值处理

为了验证本章构建的理论模型，本节开展了基于纳米固体颗粒空化初生的分子动力学模拟。在此将对该方法进行详细介绍。

如 3.1.1 节中所介绍的，由于纳米固体颗粒的复杂性，有必要对其采取适当简化假设。因此在分子动力学中，虽然其可以生成含真实纳米固体颗粒的模拟体系，并调整原子间作用参数以改变其表面亲疏水性等性质。但为了简化模拟条件，模拟中仍采用具有等效尺寸的球形空穴代替纳米固体颗粒。如图3.4所示，模拟体系为中心含有一球形空穴(半径为 R_0)的液态水立方体(边长为 L)，三个维度皆采用周期性边界条件。

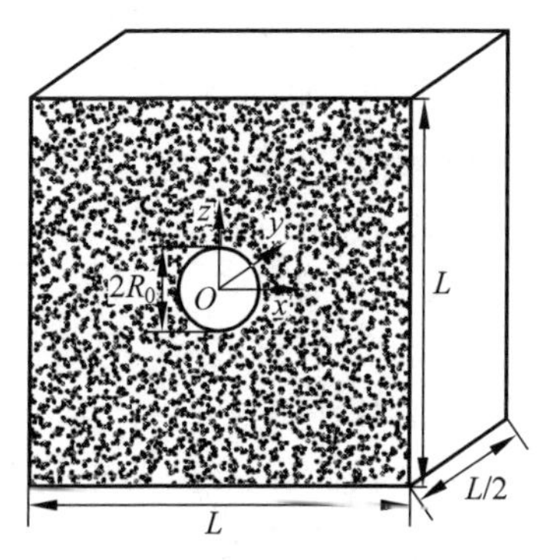

图3.4　中心含有球形纳米空穴的液态水立方体模拟体系示意图

注：为显示坐标原点处的空穴，在 y 轴方向上仅展示了 $L/2$ 的长度，后同。

模拟体系中心的空穴由一个球形排斥力场形成，其表达式为

$$F(r)=\begin{cases}-K_v(r-R_0)^2 & r<R_0\\ 0 & r\geqslant R_0\end{cases} \tag{3-12}$$

其中，K_v 为力常数，r 为原子离空穴中心的距离。当 r 小于 R_0 时，原子就会受到向外的排斥力，当 r 大于 R_0 时则不再受排斥，这样排斥力场就撑起了球形空穴。这里假设力场形成空穴的空化促进效果等同于纳米固体颗粒的空化促进效果，空穴尺寸 R_0 不必完全等同于颗粒尺寸，而是可以根据纳米固体颗粒的空化促进效果而相应改变。后续章节也比较了力场形成空穴和真实纳米固体颗粒的空化促进效果，从而验证了此种简化模拟方法的合理性。

由于 TIP4P/2005 水分子力场模型[140]可以很好地描述水的表面张力[145-146]等物性，故被用于本章的空化初生模拟。其力场模型参数已在2.1.4节给出。模拟中，TIP4P/2005 力场模型的 LJ 势能截断半径取为9 Å，而长程相互作用(LJ 吸引力项和静电相互作用)则使用 PPPM 方法加以计算[182]。采用 Nosé-Hoover 控温控压法控制模拟体系温度和压强[170]。模拟时间步长取为1 fs。

模拟流程上，首先采用 Packmol[183]生成如图3.4所示的模拟体系，其内含有16 000个水分子($L\approx 8$ nm)。其次，对模拟体系执行 NVT 系综模

拟 10 ps，再执行 NPT 系综模拟 100 ps，以将其弛豫至热力学平衡状态。平衡状态下体系压强设为 1 atm，体系温度则视模拟工况不同而做出相应变化。在模拟体系处于热力学平衡状态时，进一步执行 NPT 系综模拟，并每隔 20 ps 保存体系状态，共生成 5 个平衡态构型。最后，将所得的 5 个平衡态构型分别用作空化初生模拟的初始条件，对同一工况开展 5 次独立模拟。空化模拟中维持体系温度不变，并将体系压强调控为 P_1（负值），持续模拟 $t_{ob}=1000$ ps，观察模拟体系在 t_{ob} 时间内的演变。

如 3.1.2 节所述，随着液体压强的降低，液体中形成临界尺寸空穴所需克服的能量壁垒也会随之降低，以至于最终被分子热运动克服，空化便会随之发生。本章模拟在保持模拟时长 $t_{ob}=1000$ ps 恒定的基础上，针对同一模拟工况取步幅 10 MPa，并逐步减小 P_1 的值直至空化发生。通过这种逐步降低模拟体系压强的模拟方法，可以近似地估算出空化阈值。本章通过记录观察模拟体系内每个液体分子所占体积的时间变化判断空化初生与否。以图 3.4 所示的模拟体系为例，设其体积为 V，体系内含有 N 个液体分子，则每个液体分子所占体积 V_m 为

$$V_m=\frac{1}{N}\left(V-\frac{4\pi}{3}R_0^3\right) \tag{3-13}$$

在没有空化发生的时候，模拟体系中所有分子皆处于液态，故 V_m 的时间演变应大致保持恒定值。而当空化发生后，模拟体系中会有部分液体分子成为气态，导致 V_m 激增。通过观察模拟时长 t_{ob} 内 V_m 的演变，即可判断模拟体系中是否发生空化。

3.2.2 空化初生与空化阈值分析

在本章的空化模拟中，针对同一模拟工况，模拟时长 $t_{ob}=1000$ ps 保持恒定，而液体压强 P_1 则以一定步幅逐步减小，直至空化发生。这里先对一组空化初生模拟进行案例分析，分析空化初生现象并估算空化阈值。

案例工况中，等效空穴半径 $R_0=1$ nm，水温 $T=298$ K，液体压强取为 $P_1=-90$ MPa、$P_1=-95$ MPa 或 $P_1=-100$ MPa（步幅 5 MPa），分别开展五组独立模拟。模拟结果如图 3.5 所示。图 3.5(a)给出了液体压强 $P_1=-90$ MPa 下，体系中每个液体分子所占体积 V_m 的演变。可以看出在 1000 ps 的模拟时长内，V_m 基本保持恒定值，说明没有空化发生。图 3.5(b)给出了液体压强 $P_1=-95$ MPa 下 V_m 的演变。在 1000 ps 的模拟时长内，V_m 会在某个时刻开始激增，这可归因于空化发生后空泡的自发生长[17]。图 3.5(c)

给出了液体压强 $P_l=-100$ MPa 下 V_m 的演变。与 $P_l=-95$ MPa 的结果相似，V_m 会在某个时刻开始激增。并且由于液体压强的进一步降低，V_m 开始激增的时刻平均来看要更早一些，说明液体压强越低，空化越容易发生。图 3.5(a)的五组独立模拟中皆没有空化发生，表明液体压强 $P_l=-90$ MPa 时空化概率接近于 0，而图 3.5(b)和图 3.5(c)的五组独立模拟中皆发生了空化，则说明液体压强 $P_l=-95$ MPa 和 $P_l=-100$ MPa 对应的空化概率接近于 1。根据 Caupin 等[166]的定义，空化阈值为空化概率 $\Sigma_{cav}=0.5$ 时的液体压强，故对于案例工况，空化阈值应在 −95～−90 MPa[58]。这里取 −95 MPa 和 −90 MPa 的平均值近似作为案例工况的空化阈值，即 $P_{cav}=-92.5$ MPa，该近似估计的误差小于 2.5 MPa。为了兼顾计算精度与效率，后续模拟中液体压强的步幅取为 10 MPa，对应空化阈值估计值误差小于 5 MPa，相比于空化阈值本身 100 MPa 的量级可以接受。

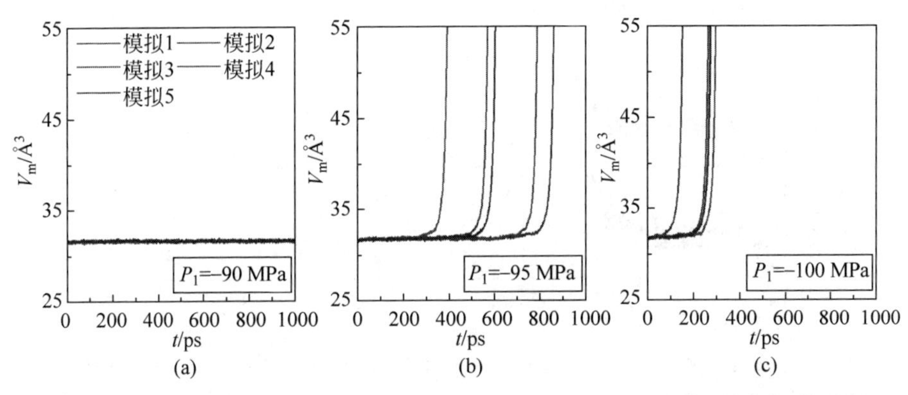

图 3.5　确定工况下体系中每个水分子所占体积在不同液体压强时随时间的变化(前附彩图)

(a) −90 MPa；(b) −95 MPa；(c) −100 MPa

为了表明案例工况中空化初生于模拟体系中心的球形空穴处，模拟中每隔 0.1 ps 探测 $\pm x$、$\pm y$、$\pm z$ 共六个方向的空泡界面[149]，如图 3.6 所示。每个方向探测到离体系中心最近的原子位置被视作该方向的空泡界面位置，而其与体系中心的距离则视作该方向空泡界面的半径。设六个方向的界面半径分别为 $R_1 \sim R_6$。如果模拟中空化初生于体系中心的空穴处，则界面半径 $R_1 \sim R_6$ 应随着 V_m 的增大而同步增大。

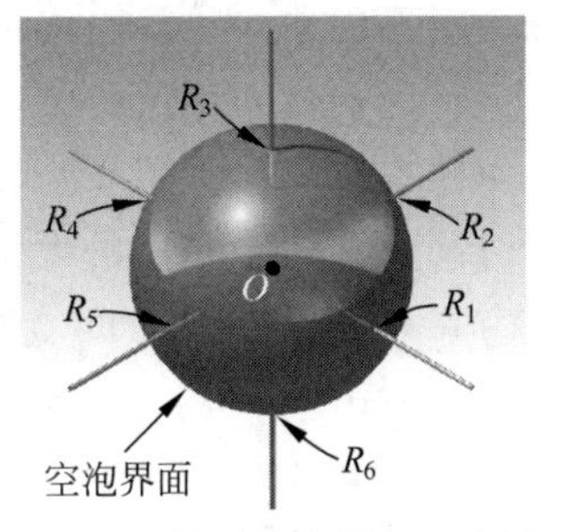

图 3.6　探测空泡界面示意图

对于案例工况，模拟中探测到各个方向空泡界面半径的演变如图 3.7 所示。可以看出对于 $P_1=-100$ MPa 的工况，各个方向的空泡界面半径会在某个时刻开始激增，且该时刻与图 3.5 中 V_m 激增的时刻一致，说明了空化初生于体系中心的球形空穴处。此外，在五组独立模拟中 $R_1 \sim R_6$ 的演变曲线皆较为一致，说明空化初生后空泡球对称生长。

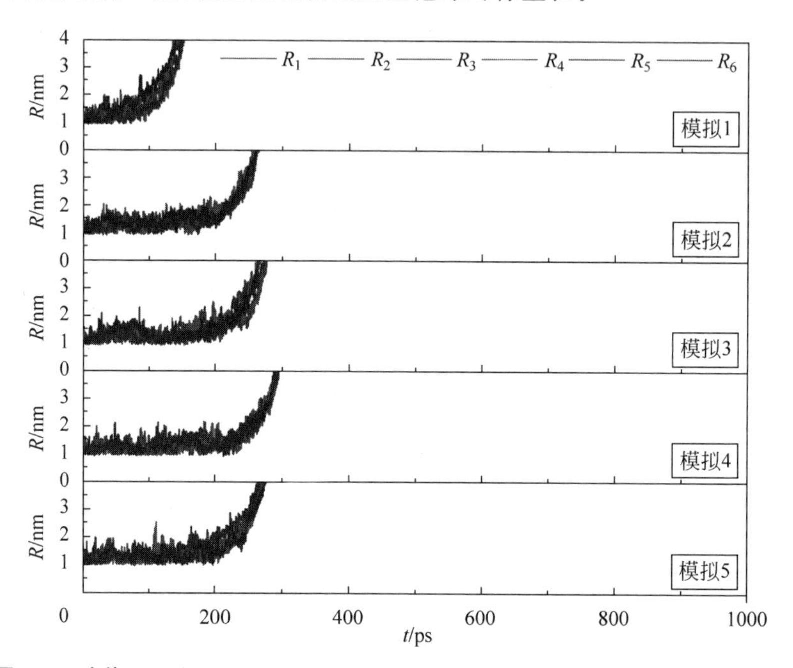

图 3.7 液体压强为−100 MPa 的工况中各个方向空泡界面半径演变(前附彩图)

3.2.3 模拟方法验证分析

本节对本章模拟方法进行验证，包括时间步长验证、有限尺度效应验证和力场形成空穴代替固体颗粒的合理性验证。

首先是时间步长验证。空化初生是一个剧烈变化的非定常过程，为了确保模拟采用的时间步长(1 fs)不会影响空化阈值的计算结果，这里开展了时间步长为 0.5 fs 的模拟，并和 3.2.2 节的结果进行比较。图 3.8 给出了空化初生模拟的时间步长验证结果。验证工况中等效空穴半径 $R_0=1$ nm，水温 $T=298$ K，液体压强取为 $P_1=-90$ MPa 或 $P_1=-100$ MPa。液体压强 $P_1=-90$ MPa 下，五组独立模拟中皆没有空化发生。液体压强 $P_1=-100$ MPa 下，五组独立模拟中皆发生了空化。因此，该工况对应的空化阈值应在−100～−90 MPa，与 3.2.2 节中的结果一致。由此可得，时间步长取 1 fs 足够小，不会影响空化阈值的计算结果。

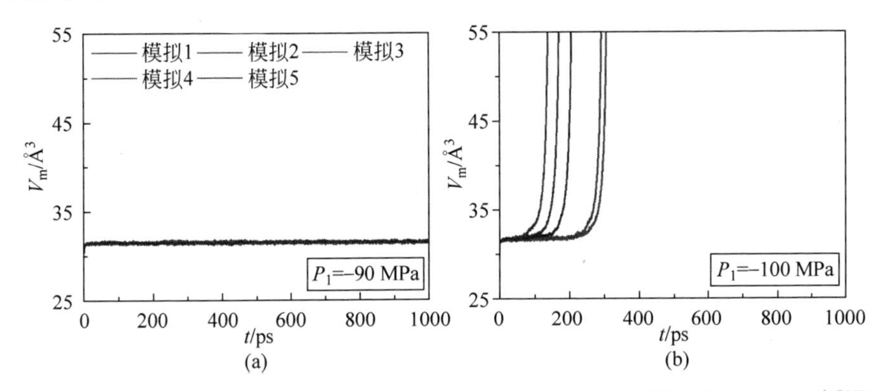

图 3.8　确定工况下体系中每个水分子所占体积在不同液体压强时随时间的演变(前附彩图)

(a) −90 MPa；(b) −100 MPa

其次是有限尺度效应验证。分子动力学有限的模拟尺度可能会对模拟结果造成偏差。这里针对空化初生模拟选取了更大尺寸的模拟体系，并和较小尺寸体系的结果进行比较，以确保有限尺度效应可以忽略不计[149,172]。图 3.9 给出了空化初生模拟的有限尺度效应验证结果。验证工况中等效空穴半径 R_0=3 nm，水温 T=298 K。图 3.9(a)的模拟体系尺寸 $L\approx8$ nm，含 16 000 个水分子；而图 3.9(b)的模拟体系尺寸 $L\approx10$ nm，含 32 000 个水分子。对于 $L\approx8$ nm 和 $L\approx10$ nm 的模拟工况，液体压强 P_1=−35 MPa 时五组独立模拟中皆没有发生空化，而 P_1=−45 MPa 时五组独立模拟中皆发生了空化。结合 3.2.2 节中的案例分析，可得空化阈值 P_{cav}=−40 MPa。由此可得，$L\approx8$ nm 和 $L\approx10$ nm 的模拟体系对同一空化初生模拟工况可以得到同样的空化阈值结果，即 $L\approx8$ nm 的模拟域尺寸对于水中基于纳米固体颗粒(等效空穴半径小于 3 nm)空化初生的模拟足够大，有限尺度效应可以忽略不计。

最后是力场形成空穴代替固体颗粒的合理性验证。这里针对水中含真实固体颗粒的模拟体系开展了空化初生模拟，模拟体系如图 3.10 所示。固体颗粒半径 R_0=3 nm，由约 1000 个疏水性 LJ 粒子组成。疏水性 LJ 粒子的势能参数为 ε_C=0.0289 kcal·mol^{-1}，σ_C=3.28 Å[65]，其与水分子相互作用的势能参数则由 Lorentz-Berthelot 法则获得。模拟工况的水温为 T=298 K。通过比较真实固体颗粒和力场形成空穴的空化促进效果，即可验证力场形成空穴代替固体颗粒的合理性。

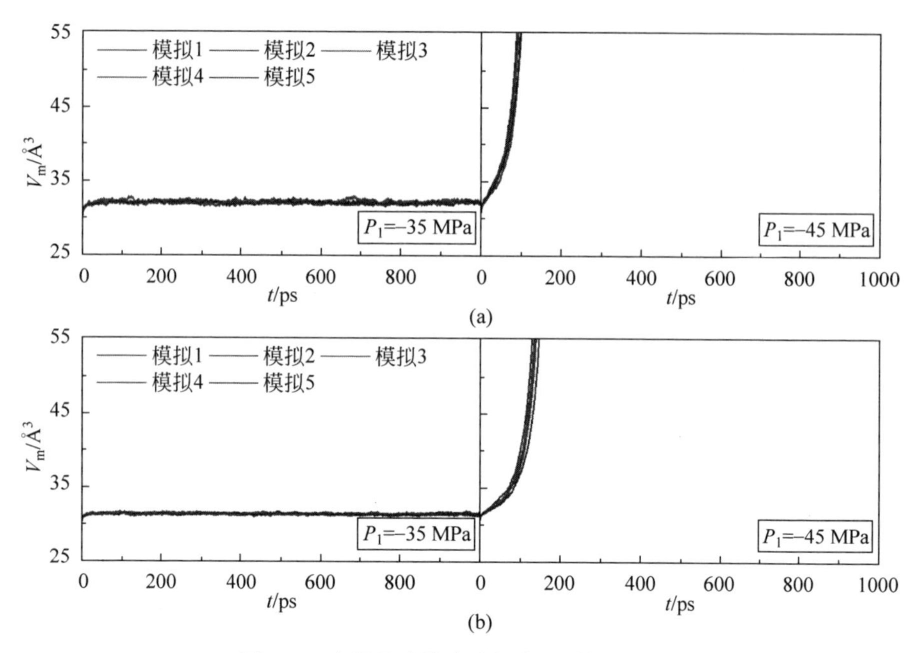

图 3.9 有限尺度效应验证结果(前附彩图)

(a) 模拟体系尺寸 $L \approx 8$ nm；(b) 模拟体系尺寸 $L \approx 10$ nm

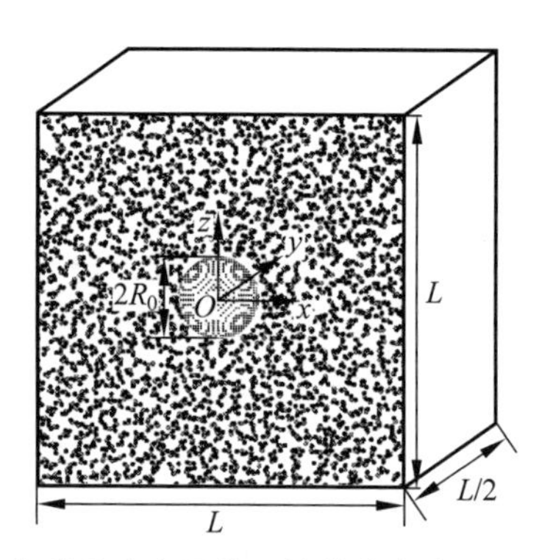

图 3.10 中心含有球形疏水固体颗粒的液态水立方体模拟体系示意图

图 3.11 给出了水中含真实固体颗粒的空化初生模拟结果。结果表明，液体压强 $P_1=-35$ MPa 时五组独立模拟中皆没有发生空化，而 $P_1=-45$ MPa 时五组独立模拟中皆发生了空化，可得半径 3 nm 的疏水性固体颗粒对应的空化阈值约为 −40 MPa。这一结果与等效半径 3 nm 的球形力场空穴(图 3.9)的结果相同，说明纳米固体颗粒和力场形成空穴具有相近的空化

促进效果，即从空化促进效果的角度来看，疏水纳米固体颗粒可以被具有同等尺寸的等效空穴近似替代。

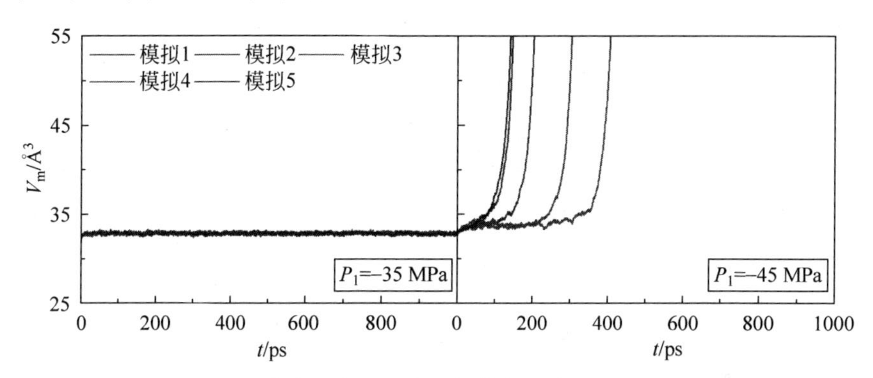

图 3.11　力场形成空穴代替固体颗粒的合理性验证结果(前附彩图)

3.2.4　纳米固体颗粒参数对空化阈值的影响规律

上文中选取典型模拟案例分析了空化初生和空化阈值，并对本章模拟方法进行了验证。接下来将针对水中基于纳米固体颗粒的空化初生，模拟不同等效空穴尺寸和不同水温的工况，揭示纳米固体颗粒对空化阈值的定量影响，并验证本章发展的基于纳米颗粒空化初生的理论模型。

首先研究水中含有纳米颗粒的情况下，水温对空化阈值的影响。模拟中等效空穴半径固定为 1 nm，水温则分别取值为 298 K、350 K、400 K、450 K 和 500 K。对于每一工况，维持模拟时长 $t_{ob}=1000$ ps 恒定，取步幅 10 MPa 逐步降低液体压强 P_l 直至空化发生。对于水温 350 K、400 K、450 K 和 500 K 的工况，体系内每个液体分子所占体积 V_m 在模拟中的演变如图 3.12 所示。

由图 3.12 中未发生空化的模拟工况可得，体系中每个液体分子所占体积 V_m 随着模拟体系温度的升高而略有增大，这与水的密度随温度的升高而降低相对应。当不同工况中水的压强以 10 MPa 的步幅降低至对应空化阈值后，V_m 在模拟中的某时刻开始激增，即模拟中发生了空化。采用 3.2.2 节的方法，即可估算出各工况对应的空化阈值。结果表明，对于含有等效半径 1 nm 的固体颗粒的液态水，当其温度从 298 K 逐步增大到 500 K 后，其空化阈值也从约 −92.5 MPa 逐步降低至约 −30 MPa。这体现了液体物性对空化阈值的影响：随着水温的升高，水的表面张力和密度等物性随之降低，从而改变了含有纳米固体颗粒的水的空化阈值。

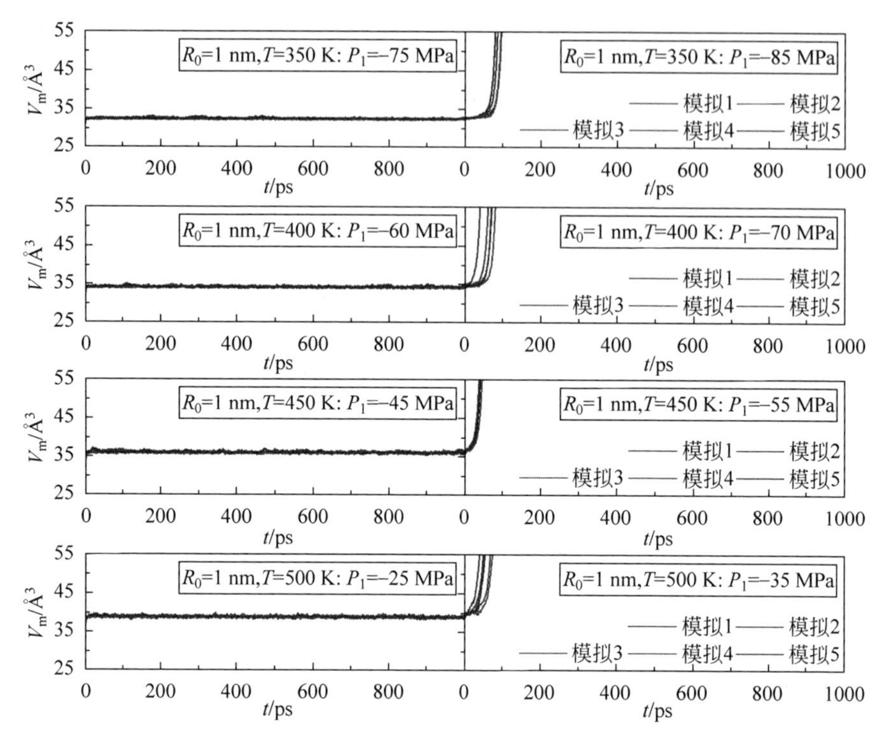

图 3.12 水温对空化阈值的定量影响模拟结果(前附彩图)

其次研究纳米颗粒的等效尺寸对空化阈值的定量影响。在模拟中,将水温分别固定为 298 K、350 K 和 400 K,而固体颗粒等效半径则分别取值为 1 nm、2 nm 和 3 nm。对于每一工况,维持模拟时长 t_{ob}=1000 ps 恒定,取步幅 10 MPa 逐步减小液体压强 P_1 的值,直至空化发生。对于颗粒等效半径取 2 nm 和 3 nm 的工况,体系内每个液体分子所占体积 V_m 在模拟中的演变如图 3.13 所示。

图 3.12 和图 3.13 的结果表明,当水温维持恒定,而纳米颗粒等效半径从 1 nm 逐步增大至 3 nm 时,空化阈值也随之逐步降低。即固体颗粒等效尺寸越大,其对空化的促进效果越显著。对于 298 K 的水温,纳米颗粒等效半径从 1 nm 增大到 3 nm,空化阈值降低了约 55 MPa;而对于 400 K 的水温,同样的纳米颗粒尺寸变化,空化阈值降低了约 35 MPa。由此可见,纳米固体颗粒降低空化阈值的能力会受到液体温度乃至物性的影响。液体的物性不同,则固体颗粒降低空化阈值的幅度也不一样。

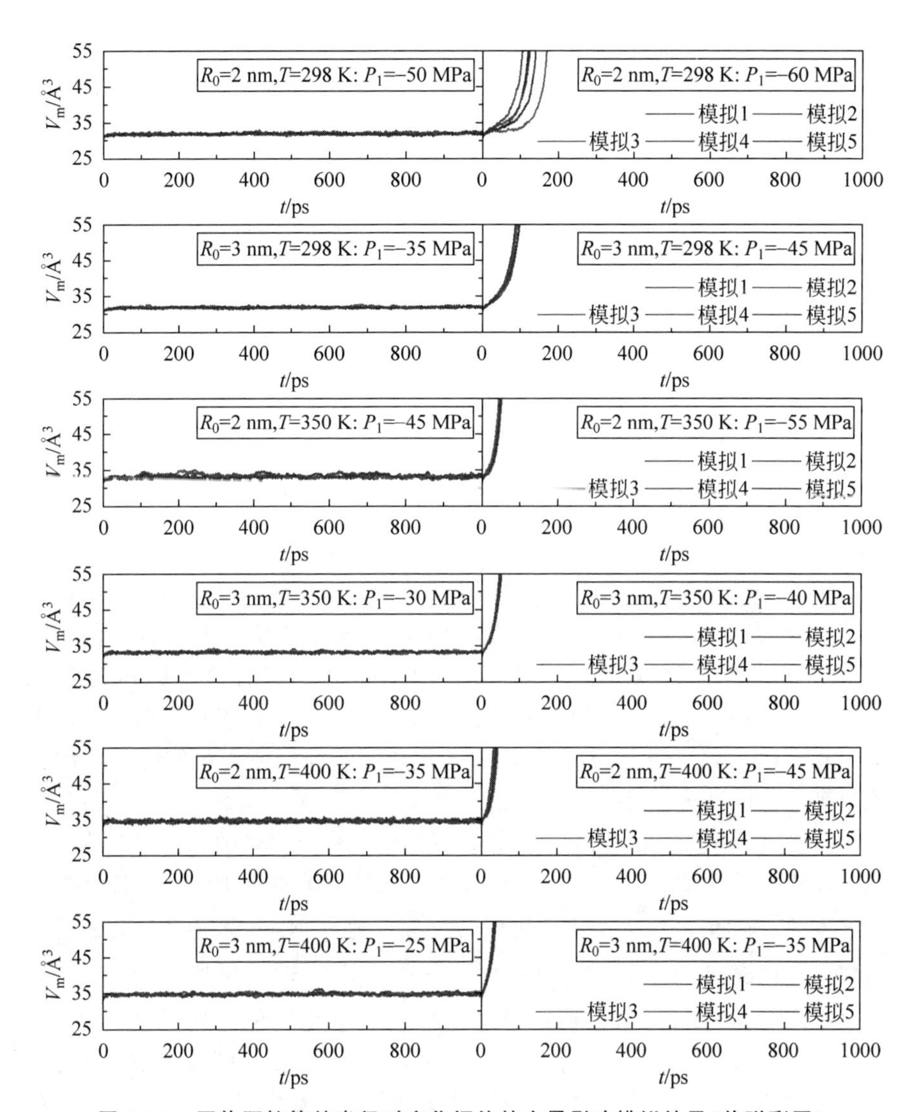

图 3.13　固体颗粒等效半径对空化阈值的定量影响模拟结果(前附彩图)

最后验证本章发展的基于纳米颗粒空化初生的理论模型。图 3.14 整理了本章模拟所得不同工况下的空化阈值,以与本章发展的理论模型预测相比较。此外,图 3.14 也给出了经典成核理论(无纳米固体颗粒情形)的预测值。理论计算中,亚稳态液体体积取为 $V_1=8^3\ \mathrm{nm}^3$,对亚稳态液体的观察时间(亚稳态持续时间)取为 $t_{\mathrm{ob}}=1000$ ps。

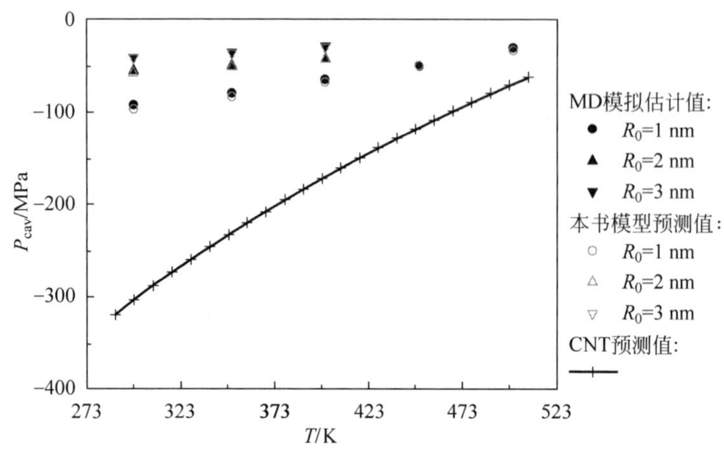

图 3.14 不同等效空穴尺寸和水温情况下的空化阈值

图 3.14 的结果表明,在不同等效空穴尺寸和不同液体温度的情况下,本章基于纳米颗粒空化初生理论模型预测的空化阈值与分子动力学模拟所得结果吻合良好,从而验证了本章理论模型。本章基于纳米颗粒空化初生理论模型与经典成核理论模型对空化阈值的预测值存有较大差距,这体现了纳米固体颗粒对空化不可忽视的促进作用。哪怕纳米固体颗粒的等效半径只有 1 nm 量级,其对空化的促进作用也足以解释纯化水空化阈值理论值与实验值的巨大偏差。

需要指出的是,图 3.14 中经典成核理论的预测值是图 3.3 中经典成核理论预测值的近两倍,这是由于两组理论求解计算中选用了不同的 V_1t_{ob} 值导致的[2]。由经典成核理论可知,V_1t_{ob} 在对数项中,其通常不会显著影响到空化阈值 P_{cav}。例如,Zheng 等[54]曾指出,当 V_1 保持不变而 t_{ob} 从 10^{-3} s 变化至 10^3 s 时,经典成核理论预测的空化阈值变化不到 5%。不过,图 3.14 中理论计算的 V_1t_{ob} 取值来自分子动力学模拟工况,相比于图 3.3 中的实验工况取值小了大约 13 个数量级,从而导致了两组理论计算所得空化阈值的较大差距。受分子动力学模拟计算量的限制,实验工况和模拟工况时空尺度的巨大差距是不可避免的。

3.3 本章小结

为了解释纯化水空化阈值实验值和理论预测值的巨大偏差,揭示纳米固体颗粒对空化阈值的定量影响,本章发展了基于纳米固体颗粒空化初生的理论模型,并开展分子动力学模拟对其进行验证。

本章沿袭经典成核理论的思想,发展了基于纳米固体颗粒空化初生的理论模型。考虑到纳米固体颗粒的复杂性,在物理模型中对其做出了简化假设:从纳米固体颗粒促进空化初生的效果出发,用具有等效尺寸的蒸气空穴将其替代。等效空穴降低了形成临界空穴(进而发生空化)所需克服的能量壁垒,构成了空化初生的"薄弱点"。进一步,在经典成核理论的基础上发展了基于纳米固体颗粒空化初生的理论模型,并用其分析实验工况,发现一个等效半径约 5 nm 的固体颗粒即可以把纯水的空化阈值降低至约 −30 MPa,从而解释了纯化水空化阈值实验值和理论预测值的巨大偏差。

本章开展了基于纳米固体颗粒空化初生的分子动力学模拟,验证了本章构建的理论模型。模拟中,仍采取力场形成球形空穴代替纳米固体颗粒的简化,并对这一简化模拟方法的合理性做出了验证。在模拟中,保持模拟时长 $t_{ob}=1000$ ps 恒定,取步幅 10 MPa 逐步减小 P_1 的值,直至空化发生。通过这种逐步降低模拟体系压强的模拟方法,可以大致地估算出空化阈值。分子动力学模拟结果和本章理论模型预测值吻合良好,验证了本章的理论模型。结果表明,纳米固体颗粒可以极大促进空化初生,且固体颗粒等效尺寸越大,对空化的促进效果越显著。此外,在等效空穴尺寸不变的情况下,随着液体温度升高,空化阈值随之降低。

本章基于纳米固体颗粒空化初生的理论模型很好地描述了基于纳米固体颗粒的空化初生,定量揭示了纳米固体颗粒对空化阈值的影响,并解释了纯化水空化阈值实验值与理论值的巨大偏差:纯化水中残存的纳米固体颗粒起到了不可忽视的作用。

第4章　体悬浮纳米气泡的特性及其稳定性机制

本章将采用分子动力学方法模拟单个稳定悬浮纳米气泡，统计计算其内部和界面物性，并在其基础上分析悬浮纳米气泡的力学平衡与稳定性机制。全原子分子动力学模拟有着相对较高的精度，且可以揭示尽可能多的细节，故而被首先采用。由于全原子模拟极大的计算量，模拟纳米气泡尺寸被限制在数个纳米量级。相比较而言，粗粒化分子动力学模拟有着更高的计算效率，故而被用于模拟尺寸在百纳米量级的纳米气泡。在纳米气泡达到平衡状态后，对其内部和界面物性(包括内部压力和密度、表面电荷、界面氢键、气体扩散特性等)进行统计计算。为了方便描述，这里约定当模拟的纳米气泡体系达到平衡时(包括纳米气泡界面受力互相抵消的力学平衡，以及纳米气泡与液体环境之间气体扩散互相抵消的热力学平衡)，称纳米气泡达到“平衡状态”。最后，对纳米气泡的平衡状态是否稳定(平衡态纳米气泡受到微小扰动后能否自发回到初始平衡态)，本章也从理论上进行了分析。

4.1　稳定悬浮纳米气泡的分子动力学模拟

4.1.1　模拟方法及数值处理

为了揭示稳定悬浮纳米气泡的内部和界面物性，本节开展了稳定悬浮纳米气泡的分子动力学模拟。模拟纳米气泡的尺寸覆盖数纳米(全原子分子动力学模拟)至百纳米(粗粒化分子动力学模拟)。本节将对模拟方法进行详细介绍。

模拟体系的初始构型如图4.1所示，三个维度皆采用周期性边界条件。模拟域被划分为两个区域：A区域为位于模拟域中心的半径R_{AB}的球形空间，一开始充满气体分子；B区域为A区域之外的模拟域，一开始充满水分子。通过在模拟中记录这两个区域中分子数量的变化，可以定量地描述纳米气泡的演变。

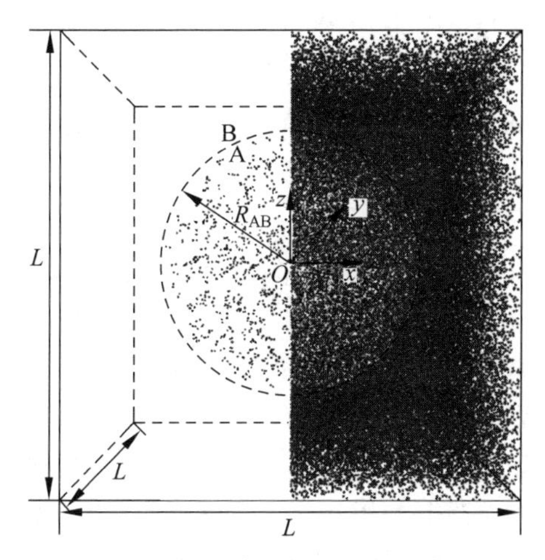

图 4.1　模拟体系初始构型示意图

注：为了便于观察气体分子分布，左半边只显示了气体分子，右半边则显示了水分子与气体分子。

由于氧气和氮气被广泛用于生成纳米气泡[73-74,88,184]，故被本章的模拟选用。对于全原子模拟，本章采用了曾用于模拟表面纳米气泡的氧气分子力场[65]，以及综合性能优异的 TIP4P/2005 水分子力场。氧气分子力场的 LJ 势能参数为 $\sigma_O=3.1589$ Å，$\varepsilon_O=0.0858$ kcal·mol^{-1}，$q_O=0$。不同种类原子间的 LJ 参数通过 Lorentz-Berthelot 法则得到。全原子模拟工况模拟 10 ns 需要在 256 核超级计算机上运算 4 天左右，极大的计算量使得模拟纳米气泡尺寸被限制在数个纳米。为了模拟百纳米尺度的纳米气泡，本节进一步开展了粗粒化模拟，采用 MARTINI 力场中的水分子模型，以及与之适配的氮气分子力场①[159]。在全原子和粗粒化模拟中选用不同种类气体，可以证明两种气体都能够在模拟中生成稳定的悬浮纳米气泡。全原子模拟中，水分子之间 LJ 势能截断半径取为 9 Å，水分子和氧分子之间 LJ 势能截断半径取为 10 Å[65]，长程相互作用(LJ 吸引力项和静电相互作用)则使用 PPPM 方法加以计算[182]，时间步长取为 1 fs。粗粒化模拟中，相互作用点间 LJ 势能截断半径取为 12 Å，且相互作用点间 LJ 势能和受力在间距 9 Å 和 12 Å 之间平滑地过渡为零以减小截断噪声，时间步长取为 20 fs。粗粒化模拟分子力场参数见表 2.2，其中 P_4 代表水相互作用点，G_1 代表氮气相互作用点。

① 目前尚没有与 MARTINI 力场适配的氧气分子力场。

对于全原子模拟，首先采用 Packmol[183]生成图 4.1 所示的模拟体系初始构型，模拟体系边长 $L=12$ nm，其中 B 区域中含有 48 700 个水分子，A 区域则视不同工况含有 580、690 和 800 个氧分子。其次对模拟体系执行 NVT 系综模拟 20 ps，使体系温度保持在 298 K。在 NVT 系综模拟过程中，氧分子和水分子分别被约束在 A 区域和 B 区域。最后移去对氧分子和水分子的空间约束，再对模拟体系执行 NPT 系综模拟，其中体系压强设置为 1 atm，而体系温度仍维持在 298 K，直至纳米气泡演变到平衡状态。对于粗粒化模拟，首先采用 Packmol 和 Moltemplate[185]生成模拟体系初始构型，其中模拟体系尺寸 L 根据模拟气泡尺寸相应调整。第一组粗粒化模拟中，含有 160 万个水相互作用点和 2 万个氮气相互作用点；第二组粗粒化模拟中则含有 1140 万个水相互作用点和 15.5 万个氮气相互作用点。考虑到 MARTINI 分子力场中的水分子模型有着高于实际的冰点[148]，故粗粒化 NVT 和 NPT 系综模拟中，体系温度设置为 310 K。通过上述三组全原子模拟工况和两组粗粒化模拟工况，研究尺寸覆盖数纳米至百纳米的纳米气泡内部和界面物性。

由于纳米气泡持续做无规则的布朗运动[96]，模拟中其不断变化的位置为统计计算其物性带来了困难。为了解决这一问题，参考 Thompson 等[186]对纳米液滴的模拟研究，模拟中在每个时间步都会同步平移体系内所有原子，使得纳米气泡质心保持在模拟体系中心，以方便对纳米气泡物性进行统计计算。这一方法本质上属于坐标系平移变换，且由于模拟中采用了周期性边界条件，故而不会影响模拟结果。

由于热力学扰动，在任意模拟时间步，纳米气泡的形状都不是理想的球形。不过在统计意义上，只要统计计算的时间足够长，其几何形体的统计平均仍然可以视作球形，其内部和界面的物性也可以视作是球对称的。因此，可以把模拟域划分为一系列同心的球壳(厚度 Δ_r)，如图 4.2 所示。通过统计计算每个球壳内的物性，即可以得到纳米气泡径向方向的物性分布曲线。本节在纳米气泡达到稳定平衡状态后(即纳米气泡所含气体分子数基本恒定后)，对模拟时长 10 ns 内每隔一定时间步的状态进行采样并做算术平均，以求得统计意义下的纳米气泡内部状态和界面物性。

为了精确计算纳米气泡中的气体分子数，在全原子模拟中采用了几何团簇判据[97,187]。在该判据中，只要不同气体分子的原子间距小于 5 Å，即判定两个分子属于同一个团簇。本节的模拟体系中，最大的气体分子团簇即为纳米气泡，可以用该团簇中气体分子数量表征纳米气泡尺寸。在粗粒

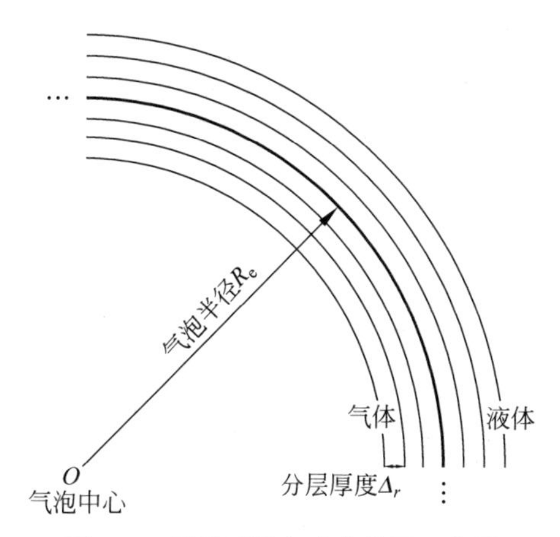

图 4.2　模拟域同心球壳分层示意图

化模拟中，由于气体分子空间分布相对更为稀疏，故而没有采用该判据。

接下来将详细介绍统计计算纳米气泡内部和界面物性的方法。

首先，统计计算纳米气泡的径向密度分布。如前所述，在模拟的每一时间步，纳米气泡的质心都位于模拟域中心。进而以模拟域中心为球心，将模拟域划分为一系列同心的球壳(厚度 Δ_r)。对于一个半径范围在$[r-\Delta_r/2, r+\Delta_r/2]$的球壳，其内物质的密度定义为

$$\rho(r)=\frac{\langle m(r)\rangle}{V(r)} \tag{4-1}$$

其中，$m(r)$为球壳内部所有原子的质量，$V(r)=4\pi\Delta_r(r^2+\Delta_r^2/12)$为球壳的体积，$\langle\rangle$代表对统计采样的算术平均。在密度径向分布的统计计算中，每一个时间步都进行了采样。

其次，统计计算纳米气泡的径向应力张量分布。分子动力学模拟中，通常采用 Harasima 方法[188]或 Irving-Kirkwood 方法[189]计算局部应力张量 $\boldsymbol{P}$。由于 LAMMPS 中已经实现了 Harasima 方法[190]，故本节用其计算球壳内的应力张量 $\boldsymbol{P}(r)$。在应力张量径向分布的统计计算中，每隔 0.1 ps 进行一次采样。在均质区域内(纳米气泡的内部和外部)，压强可以表达为应力张量对角元的平均值即 $\mathrm{Trace}(\boldsymbol{P})/3=(P_{xx}+P_{yy}+P_{zz})/3$。

再次，统计计算纳米气泡表面净电荷密度的径向分布。对于一个球壳，其内的净电荷密度等于球壳中所有原子携带的净电荷除以球壳体积。在净电荷密度径向分布的统计计算中，每一个时间步都进行了采样。

进一步，统计计算纳米气泡界面氢键(hydrogen bond，HB)数量和能量

的径向分布。氢键通常可以描述为 D—H⋯A，其中 D 为氢键的供体，H 为氢原子，A 为氢键的受体。本节采取广泛使用的 $r_{AD}-\beta$ 判据[191-192]判断氢键，即当氢键结构中的受体 A 与供体 D 间距 $r_{AD}<3.5$ Å，且 A—D—H 的夹角 $\beta<30°$ 时，认定 A 和 H 之间形成氢键。同时，采取 Mayo 等[193]的方法计算氢键能量，表达式为

$$E_{HB}=\varepsilon_{HB}\left[5\left(\frac{\sigma_{HB}}{r_{AD}}\right)^{12}-6\left(\frac{\sigma_{HB}}{r_{AD}}\right)^{10}\right]\cos^4(\theta_{DHA}) \tag{4-2}$$

其中，$\varepsilon_{HB}=9.5\ \text{kcal}\cdot\text{mol}^{-1}$ 和 $\sigma_{HB}=2.75$ Å 为氢键能量参数，θ_{DHA} 为 D—H—A 的夹角。在界面氢键径向分布的统计计算中，每隔 0.1 ps 进行一次采样。

最后，统计计算纳米气泡内外的气体扩散。在统计计算初始时刻 $t_s=0$ 时，纳米气泡内部气体分子的位置被记录，在接下来的 10 ns 统计模拟中，每隔 1 ps（粗粒化模拟中为每隔 10 ps）记录这些气体分子的新位置。仍留存在纳米气泡内部的气体分子比例为 $f_{in}=N_{in}/N_T$，其中 N_{in} 为留存在纳米气泡内部的气体分子数，N_T 为被追踪的气体分子数。气泡内部气体分子的均方位移（mean squared displacement，MSD）可以计算为

$$\text{MSD}_{in}(t_s)=\frac{\sum_{i=1}^{N_{in}}|\boldsymbol{r}_i(t_s)-\boldsymbol{r}_i(0)|^2}{N_{in}} \tag{4-3}$$

其中，$\boldsymbol{r}_i(t_s)$ 为 t_s 时刻 i 原子的位置矢量。留存在纳米气泡外部的气体分子的比例 f_{out} 和纳米气泡外部气体分子的均方位移 MSD_{out} 可以用类似的方式计算得到。

4.1.2　模拟方法验证分析

本节对本章模拟方法进行验证，包括有限尺度效应验证和模拟重复性验证。

首先是有限尺度效应验证。这里针对全原子和粗粒化模拟的工况，分别选取了不同尺寸模拟体系，并和原有尺寸体系的模拟结果进行比较，以确保有限尺度效应不会对模拟所得的纳米气泡内部和界面物性造成显著影响。

图 4.3 给出了全原子模拟的有限尺度效应验证结果。对照工况的模拟体系尺寸分别为 $L=9$ nm 和 $L=12$ nm。对于 $L=12$ nm 的模拟体系，其内含有 48 700 个水分子和 800 个氧分子。基于 $L=12$ nm 体系的模拟结果

构建 $L=9$ nm 的模拟体系，其内含有 21 200 个水分子和 710 个氧分子。图 4.3(a)为气泡达到平衡状态后，其内含有氧分子数在 10 ns 的模拟时长中的演变，可以看出两个对照模拟体系中气泡内含有数量接近的氧分子数。图 4.3(b)～(d)分别为纳米气泡的径向水密度分布、径向氧气密度分布和径向 Trace($\boldsymbol{P}$)/3 分布，可以看出两个对照模拟体系所得的结果具有很好的一致性。由此可得，模拟域尺寸 $L=12$ nm 对于全原子模拟足够大，有限尺度效应可以忽略不计。

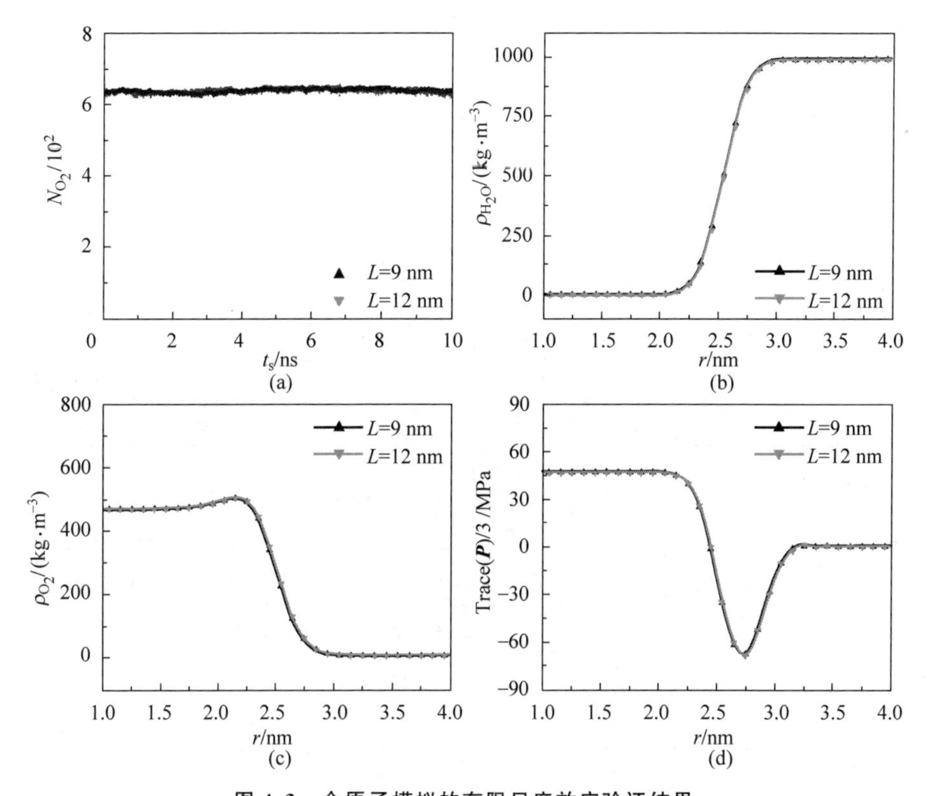

图 4.3　全原子模拟的有限尺度效应验证结果

(a) 纳米气泡达到平衡状态后，其内含有氧分子数在 10 ns 的模拟时长中的演变；(b) 气泡径向水密度分布；(c) 气泡径向氧气密度分布；(d) 气泡径向 Trace($\boldsymbol{P}$)/3 分布

图 4.4 给出了粗粒化模拟的有限尺度效应验证结果。对照工况的模拟体系尺寸分别为 $L=40$ nm 和 $L=60$ nm。对于 $L=60$ nm 的模拟体系，其内含有 160 万个水相互作用点和 2 万个氮气相互作用点。$L=40$ nm 的模拟体系则含有 44.7 万个水相互作用点和 1.49 万个氮气相互作用点。

图 4.4(a)为气泡达到平衡状态后，其内含有氮气分子数在 10 ns 的模拟时长中的演变，可以看出两个对照模拟体系中含有数量接近的氮气分子数。图 4.4(b)～(d)分别为纳米气泡的径向水密度分布、径向氮气密度分布和径向 Trace(***P***)/3 分布，可以看出两个对照模拟体系所得的结果具有很好的一致性。因此，模拟域尺寸 $L=60$ nm 对于该组粗粒化模拟足够大，有限尺度效应可以忽略不计。在另一组粗粒化模拟中，模拟体系尺寸取为 $L=120$ nm，考虑到本节粗粒化模拟中不存在静电相互作用等长程相互作用，故有限尺度效应也可以忽略不计。

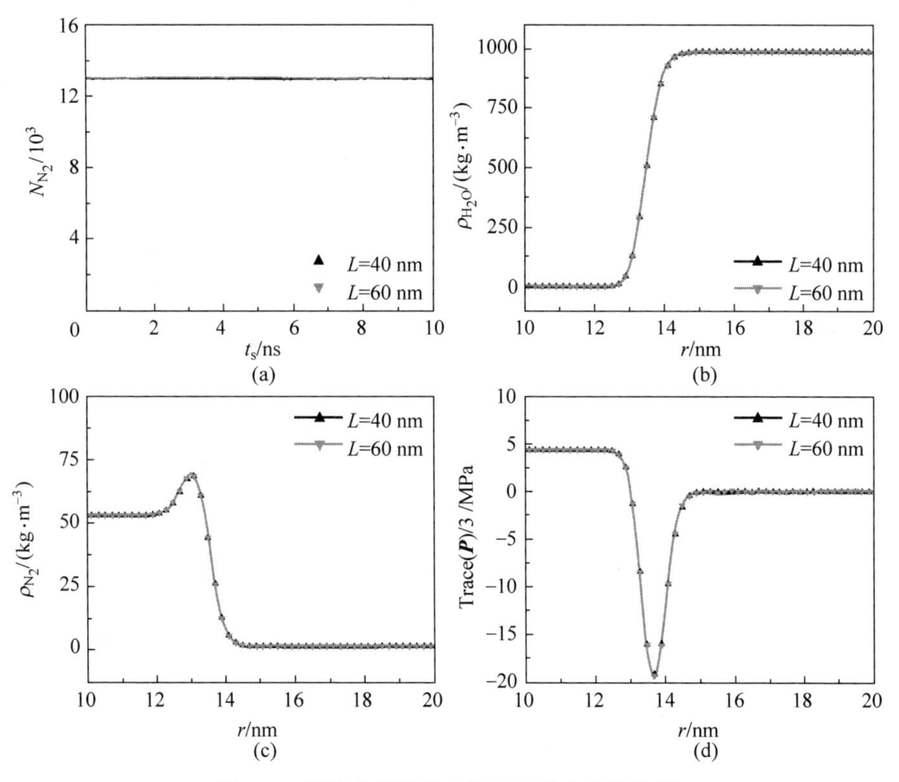

图 4.4 粗粒化模拟的有限尺度效应验证结果

(a) 纳米气泡达到平衡状态后，其内含有氮气分子数在 10 ns 的模拟时长中的演变；(b) 气泡径向水密度分布；(c) 气泡径向氮气密度分布；(d) 气泡径向 Trace(***P***)/3 分布

其次是模拟重复性验证。对全原子模拟的某一工况，对其初始条件执行 NPT 系综模拟 10 ns，维持模拟体系温度和压强不变，再将所得的平衡态构型用作纳米气泡物性统计计算的初始条件，共开展三次 10 ns 物性统计

计算模拟，三次模拟所得纳米气泡物性的均值和标准差如图4.5所示。图4.5(a)给出了三组10 ns模拟中纳米气泡内氧气分子数演变，可以看出纳米气泡尺寸(含气体分子量)基本保持不变。图4.5(b)～(d)分别为纳米气泡的径向水密度分布、径向氧气密度分布和径向Trace($\boldsymbol{P}$)/3分布。气泡内密度的标准差皆小于3 kg·m^{-3}，气泡内压强的标准差皆小于0.8 MPa，相较于均值为小量。统计计算求得纳米气泡表面负电荷量为$Q_{NB}=(-7.8\pm0.6)\times10^{-19}$C。上述结果体现了全原子模拟较好的重复性。

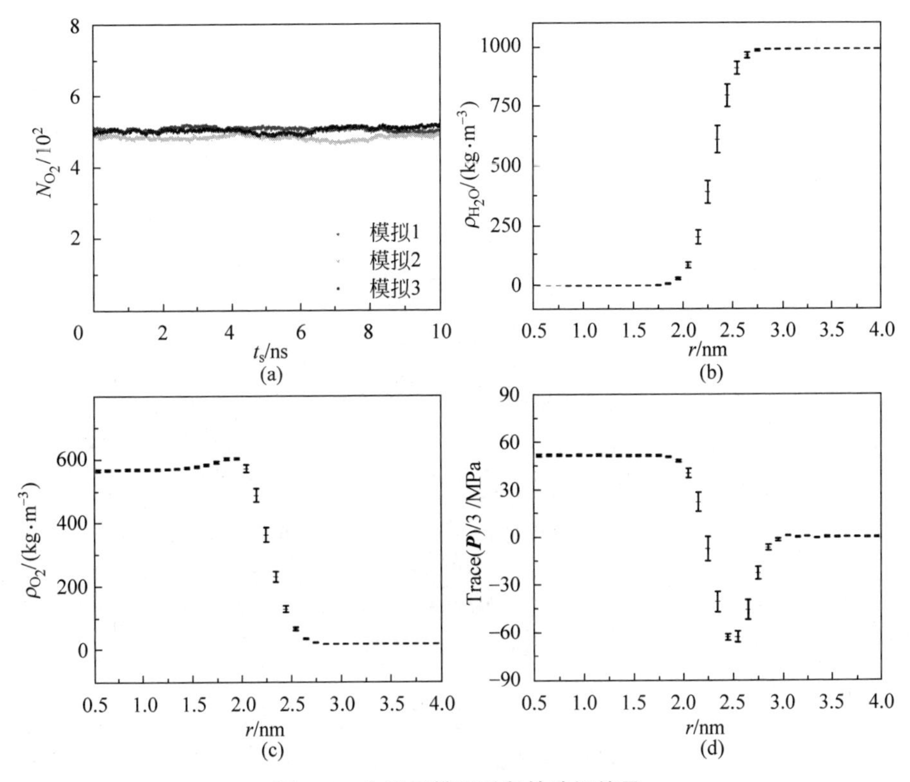

图4.5 全原子模拟重复性验证结果

(a) 纳米气泡达到平衡状态后，其内含有氧分子数在10 ns的模拟时长中的演变；(b) 气泡径向水密度分布；(c) 气泡径向氧气密度分布；(d) 气泡径向Trace($\boldsymbol{P}$)/3分布

对粗粒化模拟的某一工况也相应地开展三次10 ns物性统计计算模拟，三次模拟所得纳米气泡物性的均值和标准差如图4.6所示。结果表明，三组10 ns模拟中纳米气泡尺寸(含氮气分子量)基本保持不变。气泡内密度的标准差皆小于0.2 kg·m^{-3}，气泡内压强的标准差皆小于0.02 MPa，

相较于均值为小量。上述结果体现了粗粒化模拟较好的重复性。

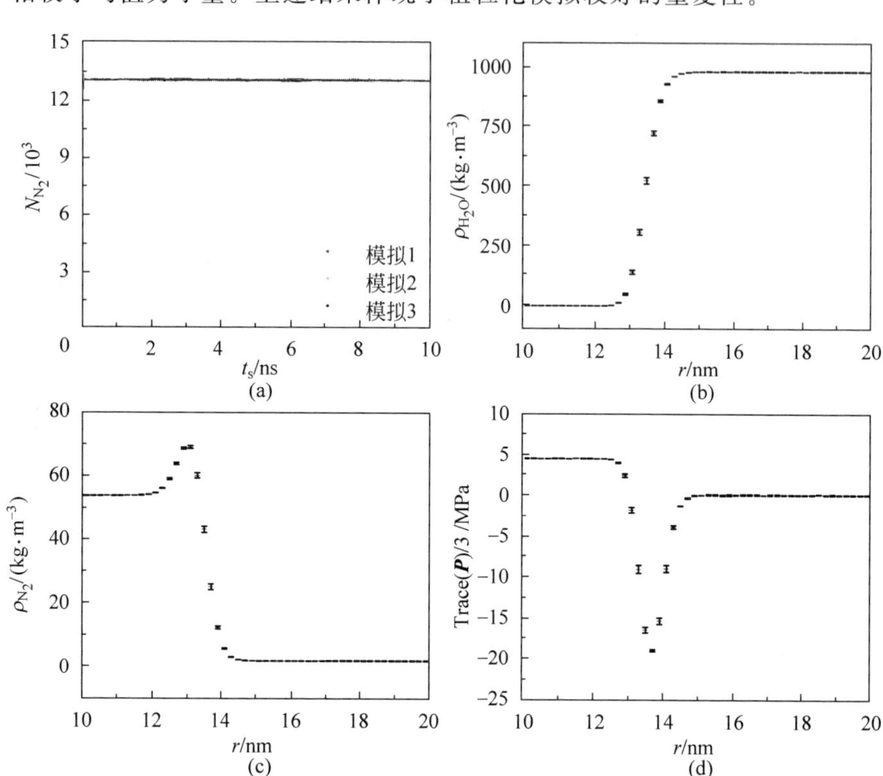

图 4.6 粗粒化模拟重复性验证结果

(a) 纳米气泡达到平衡状态后,其内含有氮气分子数在 10 ns 的模拟时长中的演变;(b) 气泡径向水密度分布;(c) 气泡径向氮气密度分布;(d) 气泡径向 Trace(**P**)/3 分布

4.1.3 悬浮纳米气泡演变过程分析

对于图 4.1 所示的模拟体系初始构型,在 NPT 系综模拟过程中,体系内纳米气泡会受表面张力的作用而迅速收缩,同时气泡内气体分子也会向外扩散,直至达到动态平衡状态。这一过程与实验中观察到的微米气泡收缩形成纳米气泡的现象类似[84]。基于一组全原子模拟工况,本节对纳米气泡演变至平衡的过程进行案例分析。在 NPT 系综模拟过程中,模拟体系 A 区域水分子数量演变以及 B 区域中的氧气分子数量演变如图 4.7 所示。

图 4.7(a)表明,模拟体系区域 A 中的水分子数量在 NPT 系综模拟初期迅速增加,即水分子迅速涌入 A 区域,这对应着纳米气泡受表面张力驱

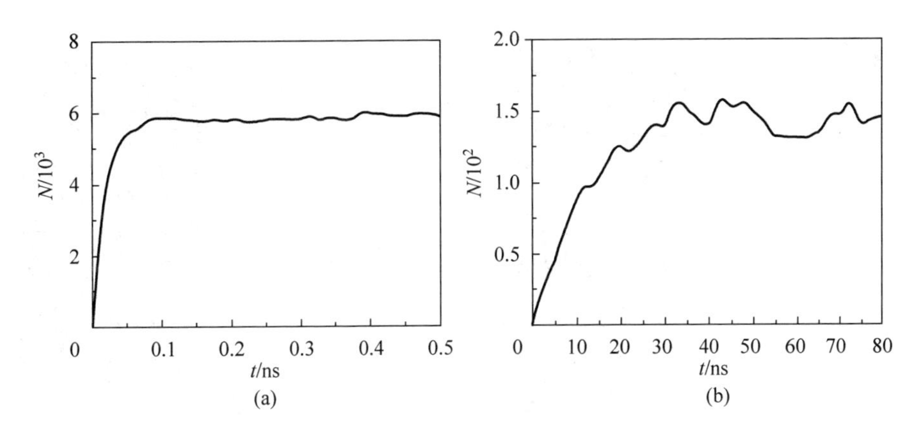

图 4.7　某全原子模拟工况的 NPT 系综模拟过程

(a) 区域 A 中的水分子数量演变；(b) 区域 B 中的氧分子数量演变

注：数据经由 MATLAB 中的 LOESS 平滑方法处理。

动的迅速收缩。这一快速收缩过程在模拟中仅持续了约 0.1 ns。相比之下，纳米气泡中氧分子向外扩散的速度则要缓和很多。如图 4.7(b)所示，NPT 系综模拟过程中模拟体系区域 B 含有氧分子数量逐步增加，这对应着纳米气泡内氧分子向外的单向扩散。这一单向扩散过程在模拟中持续了约 40 ns，之后 B 区域氧分子数量小幅波动，表明纳米气泡与周围水环境达到了气体扩散的动态平衡。可以发现，在纳米气泡演变至平衡状态的过程中，气泡界面受力平衡的弛豫时间要远小于气体扩散热力学平衡的弛豫时间。此外，由图 4.7(b)也易得，纳米气泡平衡状态对应着其周围水环境中溶解气体量达到了一个平衡值，在此之前气泡内部气体分子不断溶解，直到溶解气体浓度足以维持气泡内外气体扩散的动态平衡[96]。

为了便于直观地认识纳米气泡的平衡状态，图 4.8(a)～(b)和图 4.8(c)～(d)分别给出了某全原子模拟工况和某粗粒化模拟工况中纳米气泡达到平衡状态前后的模拟体系正视图。由图 4.8(b)可以看出，全原子模拟工况中平衡状态纳米气泡的形状轮廓并不是理想球形，这体现了热力学扰动的影响。相比之下，粗粒化模拟工况中平衡状态(图 4.8(d))纳米气泡的形状更接近理想球形。随着气泡尺寸的增大，热力学扰动的影响相应减弱。由图 4.8(b)和图 4.8(d)也可以看出，纳米气泡达到平衡状态后，其内气体分子的排布要比溶解于水中的气体分子密很多，这种紧密的排布意味着气泡内气体的高压力和高密度。

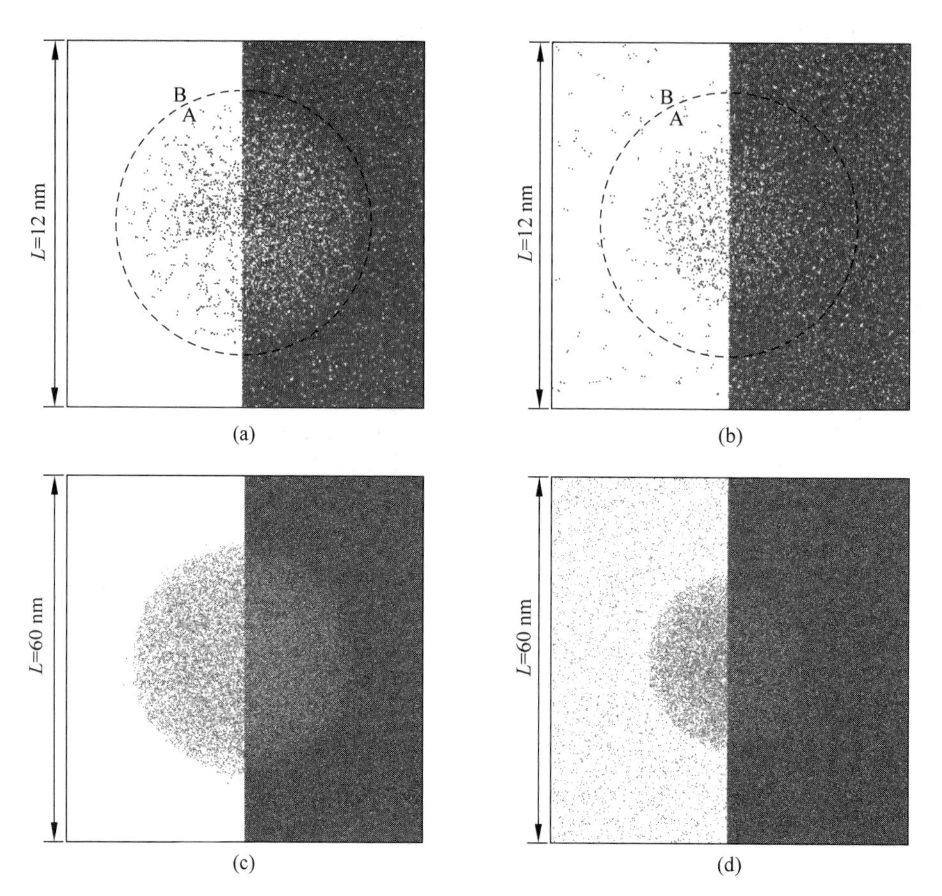

图 4.8 某全原子模拟工况和某粗粒化模拟工况中纳米气泡达平衡状态前后的体系正视图

(a) 全原子初始状态；(b) 全原子平衡状态；(c) 粗粒化初始状态；(d) 粗粒化平衡状态

4.1.4 悬浮纳米气泡特性分析

在悬浮纳米气泡达到平衡状态后，即可对其内部和界面物性进行统计计算。本节对处于平衡状态的模拟体系进一步开展 10 ns 的 NPT 系综模拟，每隔一定时间步对体系状态进行采样并做算术平均，以求得统计意义下的纳米气泡内部状态和界面物性。

在平衡采样模拟的 10 ns 内，不同工况(即不同尺寸)纳米气泡所含气体分子数演变曲线如图 4.9 所示。全原子模拟工况中，纳米气泡内氧气分子数量(图 4.9(a))由几何团簇判据计算得出。粗粒化模拟工况中，则以半径(R_e+1) nm 的球形区域内所含氮气分子数量作为估计值(图 4.9(b))。可以看出,平衡采样模拟期间气泡内气体分子数量基本保持恒定,纳米气泡处于平衡状态。

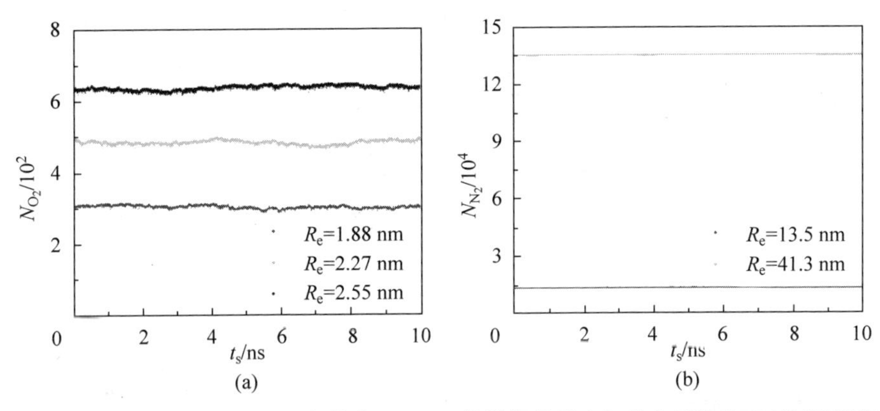

图 4.9　不同尺寸纳米气泡平衡状态下 10 ns 模拟期间所含气体分子数演变(前附彩图)

(a)全原子模拟工况;(b) 粗粒化模拟工况

首先介绍全原子模拟工况的结果。在全原子模拟的三组工况中,模拟体系所含水分子数量维持在 48 700 个不变,氧气分子数量则分别为 580、690 和 800 个。在平衡采样模拟的 10 ns 内,分别统计计算了纳米气泡径向的密度、压力、净电荷密度分布,以及界面氢键和气体分子扩散特性。

在对纳米气泡径向密度分布的 10 ns 统计计算中,在每一时间步都进行一次采样。对采样结果做算术平均得到的水和氧气的径向密度分布如图 4.10 所示。图 4.10(a)为水的径向密度分布,可以看出,分布曲线为典型的双曲正切曲线。纳米气泡内部水密度为 0,说明气泡内几乎全部为氧气分子,纳米气泡外部水分子密度则为标准温度标准压强下水的密度。水的径向密度分布曲线可以结合双曲正切函数

$$\rho_{H_2O}(r)=\frac{1}{2}(\rho_{H_2O,out}+\rho_{H_2O,in})+\frac{1}{2}(\rho_{H_2O,out}-\rho_{H_2O,in})\tanh\left(\frac{2(r-R_e)}{\xi_w}\right) \tag{4-4}$$

拟合出纳米气泡的平衡半径 R_e。式(4-4)中 $\rho_{H_2O,in}$ 和 $\rho_{H_2O,out}$ 分别为纳米气泡内部和外部(均质区域)的密度,ξ_w 为气泡界面厚度[95]。图 4.9(a)中三个工况纳米气泡的平衡半径 R_e 分别为 1.88 nm、2.27 nm 和 2.55 nm。

图 4.10(b)为氧气的径向密度分布,其也接近双曲正切曲线,但与水的径向密度分布略有不同。首先,不同尺寸纳米气泡内部的氧气密度不同,且

气泡尺寸越小,内部氧气密度越大。依据 Laplace 方程,气泡尺寸越小,气泡内压强越大,故而密度也应越大。其次,氧气的径向密度分布在气泡内部保持恒定,却在气泡边界处存在一个峰值。这个密度峰值可能跟纳米气泡界面处气体分子和水分子的相互作用有关。最后,纳米气泡内部氧气密度的量级为 100 $kg \cdot m^{-3}$,远大于标准温度标准压强下的密度 1.43 $kg \cdot m^{-3}$。张立娟等[85]的理论分析指出,纳米气泡内的高气体密度可以增强其稳定性。

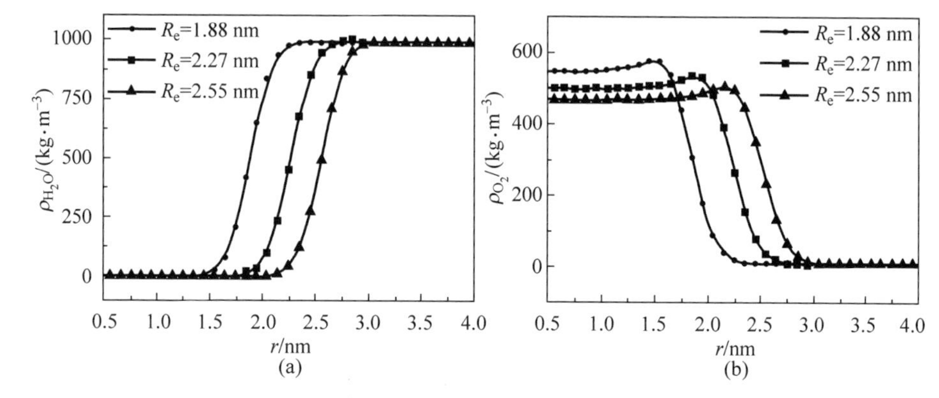

图 4.10　全原子模拟中不同尺寸纳米气泡性质

(a) 水径向密度分布;(b) 氧气径向密度分布

在对纳米气泡应力张量 $\boldsymbol{P}$ 径向分布的 10 ns 统计计算中,每隔 0.1 ps 进行一次采样。对采样结果做算术平均得到的 Trace($\boldsymbol{P}$)/3 径向分布如图 4.11 所示。在均质区域(气泡内部和气泡外部)Trace($\boldsymbol{P}$)/3 为常数,其值即为当地压强。在非均质区域(气泡界面处)Trace($\boldsymbol{P}$)/3 为一个负压峰,这是由表面张力导致的[190]。纳米气泡内部压强极高,量级在 10 MPa,且

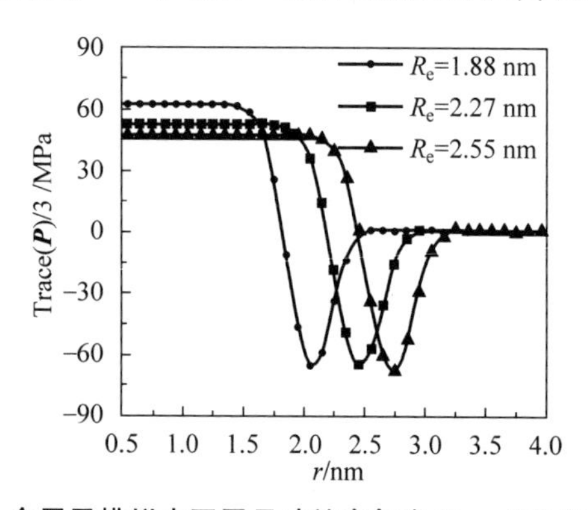

图 4.11　全原子模拟中不同尺寸纳米气泡 Trace($\boldsymbol{P}$)/3 径向分布

气泡尺寸越小内部压强越大，这与 Laplace 方程的预测一致。纳米气泡外部的压强约 1 atm，即对模拟体系施加的控压压强。氧气的临界温度和临界压强分别为 154.6 K 和 5.04 MPa，故而对于尺寸仅数纳米的纳米气泡，其内气体可能会处于超临界状态。

实验发现，微米气泡[194]和纳米气泡[195]的表面均带有负电荷，其静电斥力可以增强气泡稳定性。本章模拟中也对纳米气泡净电荷密度的径向分布进行了统计计算。在 10 ns 的平衡模拟中，对每一时间步都进行了一次采样。对采样结果做算术平均得到的净电荷密度径向分布如图 4.12 所示。可以看出，纳米气泡界面处有双层净电荷，内层带正电荷外层带负电荷。这一表面双层净电荷可归因于气泡界面处水分子的倾向性排布：界面处水分子的偶极矩倾向于和界面法向平行[95,196]，由于水分子为极性分子，这种倾向性排布导致了气泡界面净电荷。由图 4.12 可知，界面双层净电荷的厚度约 1 nm。由于水分子尺寸仅约 0.1 nm，故而在双层净电荷的径向方向可能有数个水分子相接排布。相接水分子之间的正负电荷可以部分互相抵消，从而产生了厚度约 1 nm 的界面双层净电荷。这一界面净电荷可以吸附液体中的带电离子，从而使表面电荷量随水的 pH 值和离子浓度等发生变化[92,195,197-198]，不过相关变化趋势不在本研究的范畴之内。纳米气泡的界面净电荷使得临近气泡彼此间存有静电斥力，阻碍了气泡的聚集合并。此外，界面净电荷的静电力也可以部分抵消表面张力，从而增强纳米气泡的稳定性。

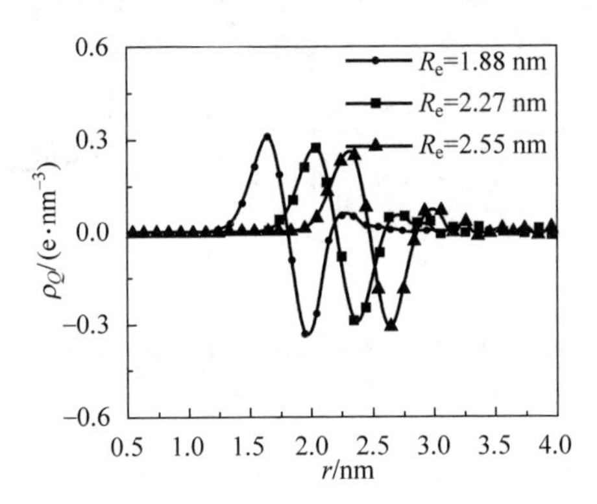

图 4.12　全原子模拟中不同尺寸纳米气泡净电荷密度径向分布

需要指出的是，这里计算得到的表面电荷量会依赖于分子动力学模拟中采用的水分子力场模型[196]，但结果的定性趋势应该是一致的。此外，本章全原子模拟采用的分子力场是非极化的，其通过优化偶极矩和固定点电荷的电荷量隐式地包含了诱导极性。与可极化模型相比,非极化模型可能会在捕捉电荷分布上有着较为有限的精度。不过,本章界面电荷的计算结果仍是精度足够的,这将会在后文进行分析阐述。

界面处水分子的倾向性排布也会改变附近的氢键结构,从而影响纳米气泡的稳定性。本章模拟中也对纳米气泡氢键数量和能量的径向分布进行了统计计算。在 10 ns 的平衡模拟中,每隔 0.1 ps 进行一次采样。图 4.13(a) 给出了每个水分子与其他水分子形成氢键的平均数量 N_{HBs} 的径向分布。纳米气泡内部 N_{HBs} 为 0,这是因为气泡内部几乎没有水分子。纳米气泡外部 N_{HBs} 保持为 3.66 不变,和之前模拟纯水内部氢键的结果一致[191]。界面处每个水分子与其他水分子形成氢键的数量迅速减小,意味着界面处的氢键网络逐步被破坏。图 4.13(b)给出了纳米气泡氢键平均能量 E_{HBs} 的径向分布。纳米气泡外部 E_{HBs} 保持恒定,当接近气泡界面时 E_{HBs} 则有一个略微的提升,意味着界面处氢键强度有所减弱。这种界面处氢键强度的减弱可能归因于界面处水分子和气泡内紧密排布的氧气分子之间的相互作用。界面处氢键结构的改变可能会影响表面张力,接下来将对其展开计算分析。

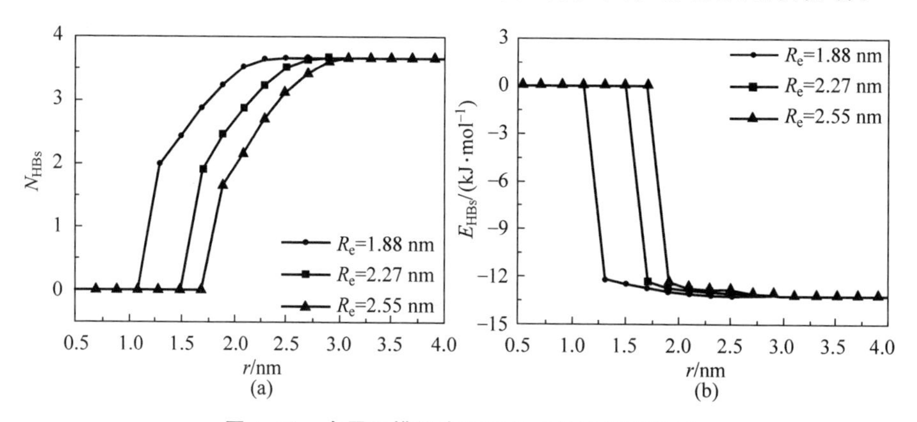

图 4.13 全原子模拟中不同尺寸纳米气泡性质

(a) 每个水分子与其他水分子形成氢键的平均数量;(b) 氢键平均能量的径向分布

这里采用全原子力场模拟了水-氧气平界面的表面张力,模拟构型如图 4.14(a)所示,具体的模拟步骤与计算方法参见 2.1.4 节表面张力计算部分。计算所得的水-氧气平界面表面张力为 61.9 mN·m^{-1},小于水-蒸气平界面的表面张力 72 mN·m^{-1}[146]。表面张力会促使纳米气泡溶解,故其减小有助于纳米气泡保持稳定。由此可见,界面处氢键排布的改变会减小表面张力,从而增强纳米气泡的稳定性。

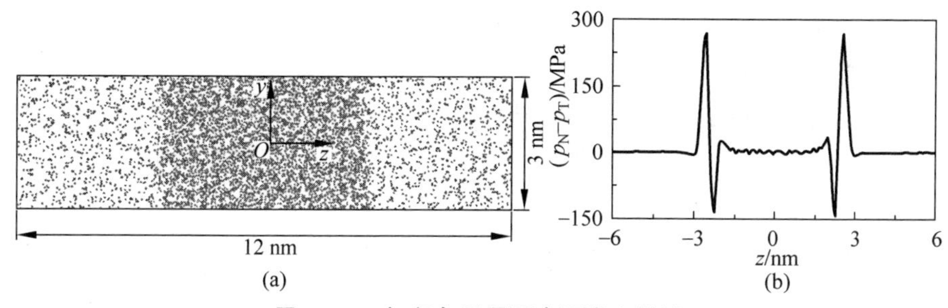

图 4.14　水-氧气平界面表面张力模拟

(a) 模拟构型示意图；(b) 法向应力与切向应力的差值沿 z 方向变化曲线

前述统计计算所得的纳米气泡内外压强和表面电荷等与其界面受力平衡关联较为密切。接下来将统计分析气泡内外的气体扩散特性，其直接影响着气泡气体交换的热力学平衡。由于纳米气泡界面的厚度约 1 nm（见图 4.10），这里将球心位于模拟域中心，半径（$R_e-0.5$）nm 的球形内的氧气分子视作纳米气泡内部的氧分子，半径（$R_e+0.5$）nm 的球形外的氧气分子则视作纳米气泡外部的氧分子。图 4.15(a)～(b)展示了随着平衡采样模拟时间 t_s 的演变，氧气分子仍位于其原来区域的比例。在平衡采样模拟的 10 ns 内，纳米气泡与周围水环境不断发生气体交换，不过大多数气体分子（超过 50%）仍留在其原来所在的区域。因此，按 4.1.1 节的方法计算所得的 $\mathrm{MSD_{in}}$ 和 $\mathrm{MSD_{out}}$（图 4.15(c)～(d)）足以代表气体分子在纳米气泡内部和外部的扩散行为。并且 $\mathrm{MSD_{in}}$ 随着时间不断增长，最终稳定于一个平台值。其演变过程类似于球形约束空间内的扩散行为[199]，且纳米气泡尺寸越大，平台值也相应越高，与理论预测值 $6R_e^2/5$ 较为一致（相对偏差小于 30%）。$\mathrm{MSD_{out}}$ 的演变曲线在双对数坐标系下斜率小于 1，表明在平衡采样模拟的 10 ns 内，溶解于液体中的气体分子处于亚扩散状态（subdiffusive regime）而不是菲克扩散状态（Fickian diffusive regime）。

由于全原子分子动力学模拟极大的计算量，模拟纳米气泡尺寸被限制在数纳米。为了模拟百纳米尺度的纳米气泡，本章进一步开展了粗粒化分子动力学模拟。接下来介绍粗粒化模拟工况的结果。在粗粒化模拟的两组工况中，模拟体系所含水相互作用点数量分别为 160 万和 1140 万；所含氮气相互作用点数量分别为 2 万和 15.5 万。在平衡采样模拟的 10 ns 内，分别统计计算了纳米气泡径向的密度、压力分布，以及气体分子扩散特性。由于粗粒化力场模型用一个水相互作用点替代多个水分子，故粗粒化模拟中没有统计计算纳米气泡的表面电荷以及界面氢键结构特性。

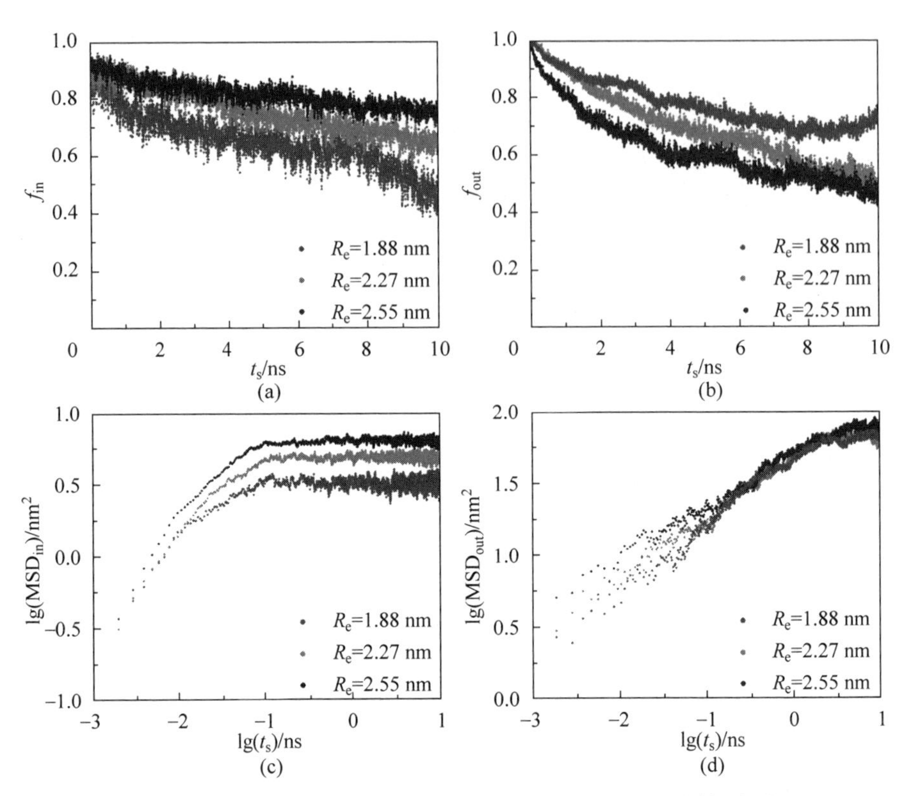

图 4.15　全原子模拟中不同尺寸纳米气泡内外的气体扩散特性(前附彩图)

(a) 氧气分子仍留存在纳米气泡内的比例；(b) 氧气分子仍留存在纳米气泡外的比例；(c) 纳米气泡内部氧气分子的均方位移；(d) 纳米气泡外部氧气分子的均方位移

图 4.16 为粗粒化模拟工况中不同尺寸纳米气泡水和氮气的径向密度分布。其中,水的径向密度分布曲线仍为典型的双曲正切曲线,可以将其和式(4-4)结合以拟合出纳米气泡的平衡半径 R_e。纳米气泡内部水密度略大于 0,表明气泡内部含有一定量水蒸气。图 4.16(b)为氮气的径向密度分布,其也在气泡界面处存有一个明显的峰值,与全原子模拟中的结果一致。这一峰值表明水和氮气的相互作用要强于氮气分子之间的相互作用,从而导致了氮气分子在界面处更加紧密的分布。纳米气泡尺寸越大,气泡内部氮气密度越小。可以看出,百纳米尺度纳米气泡内部气体密度在 10 kg·m^{-3} 量级,仍远大于其标准温度标准压强下的密度 1.25 kg·m^{-3}。

图 4.17 为粗粒化模拟工况中不同尺寸纳米气泡 Trace($\boldsymbol{P}$)/3 的径向分布。纳米气泡尺寸越大,气泡内部压强越小,与全原子模拟中的结果一

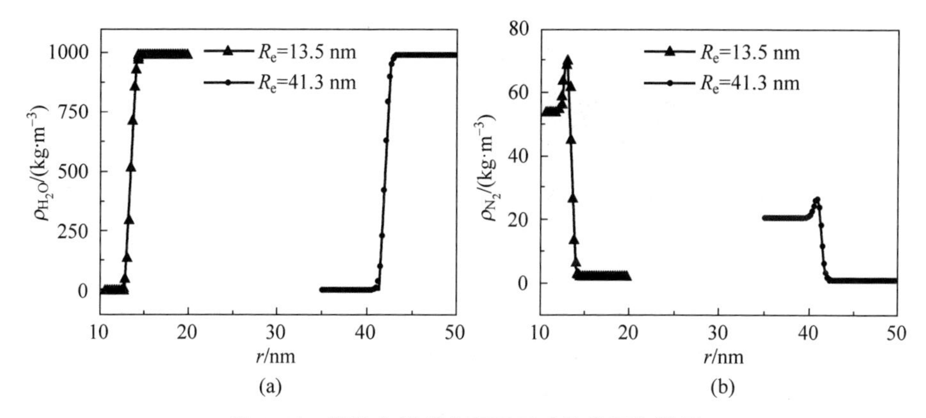

图 4.16 粗粒化模拟中不同尺寸纳米气泡性质

(a) 水径向密度分布；(b) 氮气径向密度分布

致。可以看出，百纳米尺度纳米气泡内部气体压强在 1 MPa 量级，百纳米尺度纳米气泡内部气体也为高压高密度状态。

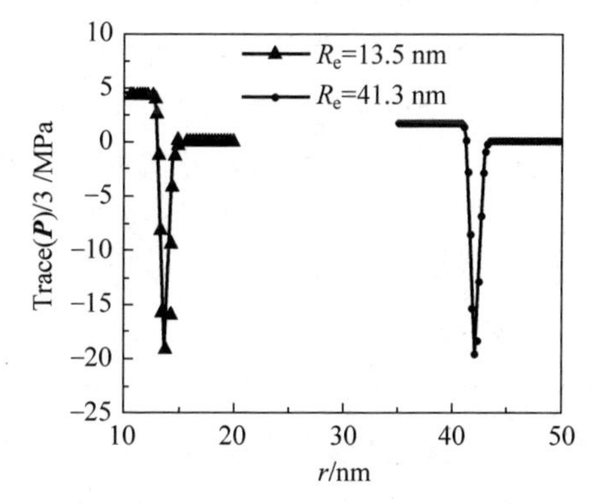

图 4.17 粗粒化模拟中不同尺寸纳米气泡 Trace(*P*)/3 径向分布

粗粒化模拟无法捕捉纳米气泡的表面电荷以及界面氢键结构。不过这里也采用粗粒化力场模拟计算了水-氮气平界面的表面张力，以分析界面处水和氮气的相互作用对表面张力的影响。模拟构型如图 4.18(a)所示，具体的模拟步骤与计算方法参见 2.1.4 节。计算所得的水-氮气平界面表面张力为 28.4 $mN \cdot m^{-1}$，仍略小于粗粒化力场模拟所得水-蒸气平界面的表面张力 30 $mN \cdot m^{-1}$[148]，说明界面处水和氮气的相互作用会减小表面张力，从而增强纳米气泡的稳定性。需要指出的是，粗粒化模型在描述水的表面张力时精度有限，模拟所得的表面张力也比实验值低很多[148]。

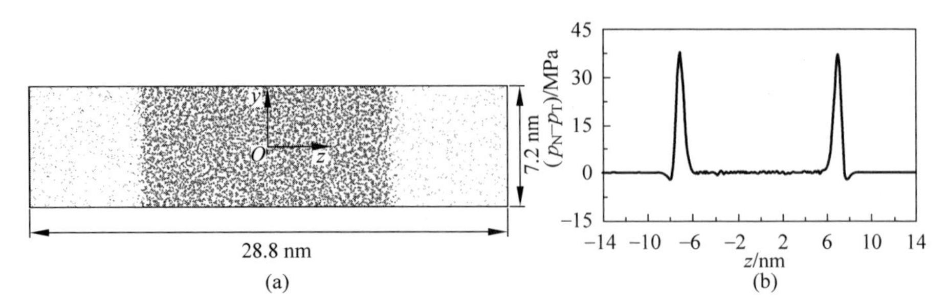

图 4.18 水-氮气平界面表面张力模拟

(a) 模拟构型示意图；(b) 法向应力与切向应力的差值沿 z 方向变化曲线

在粗粒化模拟对气泡内外气体扩散特性的统计分析中，将球心位于模拟体系中心，半径(R_e-1) nm 的球形内的氮气分子视作纳米气泡内部的氮分子，半径(R_e+1) nm 的球形外的氮气分子视作纳米气泡外的氮分子。图 4.19(a)～(b)展示了随着平衡采样模拟时间 t_s 的演变，氮分子仍位于其原来区域的比例。在平衡采样模拟的 10 ns 内，纳米气泡与周围水环境不断发生气体交换，不过绝大多数追踪的气体分子(超过 80%)仍留在其原来所在的区域。因此，按 4.1.1 节的方法计算所得的 MSD_{in} 和 MSD_{out}(图 4.19(c)～(d))足以代表气体分子在纳米气泡内部和外部的扩散行为。并且 MSD_{in} 随着时间不断增长，最终稳定于一个平台值，与球形约束空间内的扩散理论预测 $6R_e^2/5$ 较为一致(相对偏差小于 10%)。MSD_{out} 的演变曲线在双对数坐标系下斜率小于 1，表明模拟中溶解气体分子处于亚扩散状态。

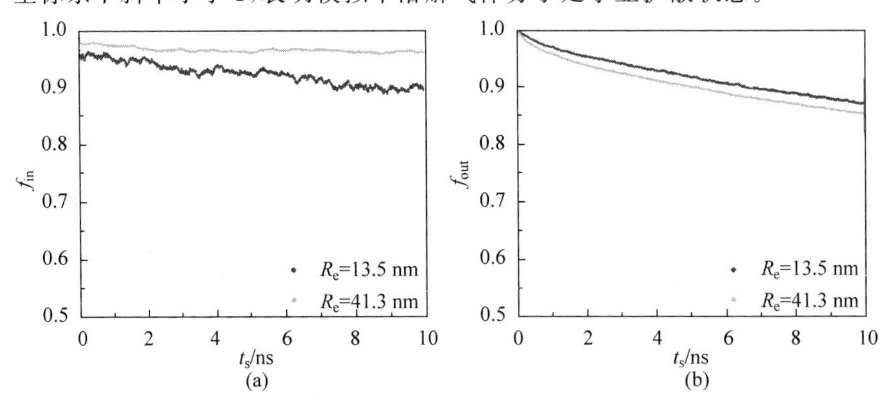

图 4.19 粗粒化模拟中不同尺寸纳米气泡内外的气体扩散特性(前附彩图)

(a) 氮气分子仍留存在纳米气泡内的比例；(b) 氮气分子仍留存在纳米气泡外的比例；
(c) 纳米气泡内部氮气分子的均方位移；(d) 纳米气泡外部氮气分子的均方位移

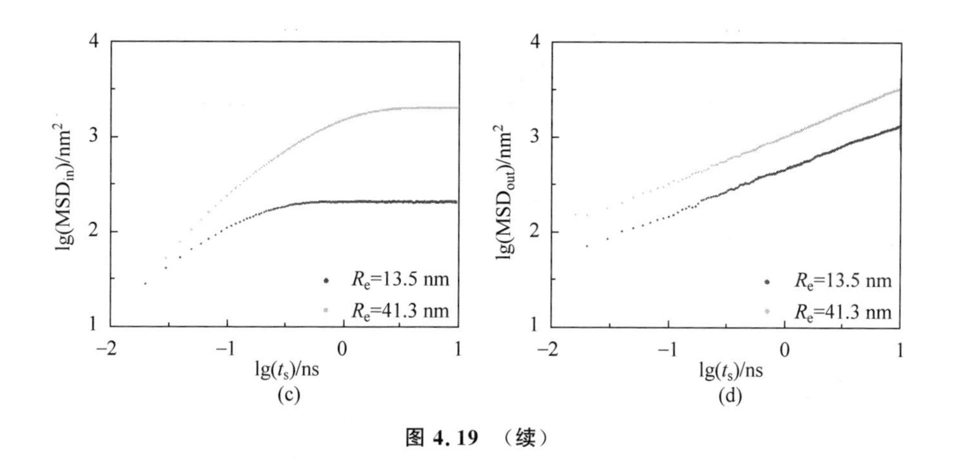

图 4.19　(续)

4.2　体悬浮纳米气泡平衡和稳定性机制分析

4.2.1　纳米气泡平衡机制

当纳米气泡处于平衡状态时，气泡界面应处于受力平衡状态，即界面受力互相抵消。纳米气泡界面受力可分为两类，一类是使其膨胀的力，包括气泡内气体压力，以及界面电荷引起的静电斥力；另一类是使其收缩的力，包括气泡外液体压力，以及表面张力。纳米气泡界面受力平衡方程为[92]

$$p_{\text{in}}+\frac{Q_{\text{n}}^2}{32\pi^2\varepsilon_{\text{w}}R_{\text{e}}^4}=p_{\text{out}}+\frac{2\sigma}{R_{\text{e}}}\tag{4-5}$$

其中，p_{in} 和 p_{out} 分别为纳米气泡内部和外部的压强，$Q_{\text{n}}^2/(32\pi^2\varepsilon_{\text{w}}R_{\text{e}}^4)$ 为界面负电荷的静电应力，Q_{n} 为界面负电荷量，ε_{w} 为水的介电常数，$2\sigma/R_{\text{e}}$ 为表面张力。定义界面负电荷面密度 $\sigma_{\text{n}}=Q_{\text{n}}/(4\pi R_{\text{e}}^2)$，则式(4-5)中的第二项可化简为 $\sigma_{\text{n}}^2/(2\varepsilon_{\text{w}})$。

纳米气泡的内部和界面物性 p_{in}、p_{out} 和 Q_{n} 皆已通过分子动力学模拟统计计算求得(见表 4.1)，可以直接代入式(4-5)。表面张力与界面曲率有关，可以通过 Tolman 方程[180-181] $\sigma(R_{\text{e}})=\sigma_0(1+2\delta_{\text{T}}/R_{\text{e}})$ 加以估算，其中 σ_0 为气液平界面的表面张力系数，$\delta_{\text{T}}=-0.56$ Å 为 Tolman 长度[179]。4.1 节中计算得到，对于水-氧气平界面，其表面张力系数为 61.9 $\text{mN}\cdot\text{m}^{-1}$(全原子模拟计算)；对于水-氮气平界面，其表面张力系数为 28.4 $\text{mN}\cdot\text{m}^{-1}$(粗粒化模拟计算)。粗粒化模拟所得表面张力系数要比实验值低很多，这是由于粗粒化模型在描述水的表面张力时精度较为有限[148]。

表 4.1 模拟所得不同尺寸纳米气泡物性

R_e/nm	1.88(AA)	2.27(AA)	2.55(AA)	13.5(CG)	41.3(CG)
p_{in}/MPa	62.1	52.3	46.9	4.5	1.9
ρ_{in}/(kg·m^{-3})	548.2	498.9	468.4	54.9	20.6
Q_n/C	-5.8×10^{-19}	-8.0×10^{-19}	-10.1×10^{-19}	—	—
σ_n/(C·m^{-2})	−0.013	−0.012	−0.012	—	—

将 p_{in}、p_{out}、Q_n 和 σ 代入式(4-5),即可以代数解得纳米气泡平衡半径 R_e,结果由表 4.2 给出。对于全原子模拟工况,式(4-5)解得纳米气泡平衡半径与模拟结果拟合的平衡半径吻合良好,相对偏差约为 1%,体现了全原子模拟的较高精度。这一结果也表明,式(4-5)可以很好地描述尺寸仅数纳米的纳米气泡的界面受力平衡。对于粗粒化模拟工况,式(4-5)解得气泡半径与模拟结果拟合半径的相对偏差则略大一些。

表 4.2 由式(4-5)解得纳米气泡平衡半径和模拟结果拟合平衡半径比较

模拟算例序号	1(AA)	2(AA)	3(AA)	4(CG)	5(CG)
式(4-5)解得 R_e	1.87	2.25	2.52	12.8	30
模拟结果拟合 R_e	1.88	2.27	2.55	13.5	41.3
相对偏差/%	1.1	0.8	1.2	5	25

对于全原子模拟工况,界面电荷的静电斥力 $Q_n^2/(32\pi^2\varepsilon_w R_e^4)$的量级为 0.1 MPa,远小于 $2\sigma/R_e$ 的量级。而对于粗粒化模拟工况,纳米气泡表面不带电荷,其也可以维持界面受力平衡。因此,纳米气泡表面电荷对气泡界面的受力平衡只有微小的作用,故全原子模拟选用非极化力场也足以满足计算界面电荷量的精度要求。全原子模拟所得纳米气泡的界面负电荷量仅为实验结果的约千分之一[92],这可归因于模拟工况中远小于实验工况的气泡尺寸。此外,模拟所得纳米气泡界面负电荷面密度量级为−0.01 C·m^{-2}(见表 4.1),与实验结果量级相同[92]。根据界面电荷的静电应力表达式 $\sigma_n^2/(2\varepsilon_w)$可以推知,界面电荷的静电斥力受气泡尺寸变化的影响较为微弱。

接下来对平衡态纳米气泡的气体扩散平衡进行分析。这里整理了分子动力学模拟所得的不同尺寸纳米气泡周围水环境溶解气体的过饱和度,由表 4.3 给出。过饱和度 η_d 定义为

$$\eta_d = \frac{c_g}{c_{gs}} - 1 \tag{4-6}$$

其中，c_g 为溶解气体浓度(单位 kg・m^{-3})，c_{gs} 为溶解气体饱和浓度。当液体溶解气体过饱和时，$\eta_d>0$。由表 4.3 可知，在本章的所有模拟工况中，平衡纳米气泡水环境都是过饱和的。并且纳米气泡尺寸越大，其水环境溶解气体的过饱和度就越低。

表 4.3 模拟所得不同尺寸纳米气泡周围水环境溶解气体的过饱和度

R_e/nm	1.88(AA)	2.27(AA)	2.55(AA)	13.5(CG)	41.3(CG)
η_d	1165	860	699	104	40

界面受力分析表明，界面电荷的静电斥力量级为 0.1 MPa[①]，小于表面张力的量级[②]。从而可以根据气泡界面受力平衡方程(4-5)得到

$$p_{in} > p_{out} = 1 \text{ atm} \tag{4-7}$$

再结合 Henry 定律($p_{in}=\mathrm{H}c_g$，其中 H 为 Henry 常数)，可以求得

$$c_g = \frac{p_{in}}{\mathrm{H}} > \frac{p_{out}}{\mathrm{H}} = c_{gs} \tag{4-8}$$

即纳米气泡水环境溶解气体为过饱和的。从而可以得出结论：纳米气泡水环境溶解气体过饱和是气泡维持气体扩散平衡的必要条件。

4.2.2 纳米气泡稳定性机制

在纳米气泡达到平衡状态的基础上，本节进一步分析其平衡态的稳定性。4.1.3 节中的分析表明，纳米气泡界面受力平衡的弛豫时间要远小于气体扩散热力学平衡的弛豫时间。因此，这里首先分析纳米气泡界面的受力平衡的稳定性。

在接下来的理论分析中，假设理想气体定律和 Henry 定律皆适用于描述纳米气泡。本章的分子动力学模拟结果表明，纳米气泡表面电荷的静电斥力远小于内部压力。因此，驱使纳米气泡膨胀的力 p_E 可近似等于气泡内部压力，即 $p_E \approx p_{in} \propto 1/R_e^3$。由于纳米气泡外部液体压强通常仅 1 atm，驱使纳米气泡收缩的力 p_S 可以近似取为 Laplace 应力，即 $p_S \propto 1/R_e$。纳米气泡界面所受的合力为 $p_N=(p_E-p_S)\propto(1/R_e^3-1/R_e)$。当纳米气泡

① 这里指水 pH 值约等于 7 且不富含盐离子的通常情况。气泡表面电荷量会随水的 pH 值和盐离子浓度等变化，这类复杂情形不在本处理论分析范围之内。

② 直径 1 μm 的气泡表面张力量级为 0.3 MPa，且随着气泡尺寸减小，表面张力还会进一步增大。

为平衡状态时，界面所受合力等于 0。假设纳米气泡的平衡半径有一个小扰动 dR_e，则界面所受合力相应发生的变化量为

$$dp_N \propto -\left(\frac{1}{R_e^4}\right)dR_e \tag{4-9}$$

推导式(4-9)的过程中，二阶小量被忽略。式(4-9)体现了一个负反馈机制：当平衡状态的纳米气泡尺寸遭受一个扰动(例如界面略有膨胀或收缩)，则界面所受合力的变化量会驱使界面回到其初始平衡位置。因此，纳米气泡界面的受力平衡是一种稳定平衡。

接下来分析纳米气泡与水环境气体扩散平衡的稳定性。4.1.4 节的结果表明，当纳米气泡达到平衡状态时，其与水环境仍在不断地进行气体交换。这里使用 N_g 代表纳米气泡内部的气体分子数，N_d 代表溶解在体积 V_d 的水中的气体分子数。当纳米气泡的气体含量有一个小扰动(例如气体泄漏 dN_g)时，纳米气泡与水环境的气体交换趋势决定了扩散平衡的稳定性。由于纳米气泡界面受力平衡的弛豫时间要远小于气体扩散热力学平衡的弛豫时间，在发生气体泄漏 dN_g 后，气泡界面的受力平衡将会首先弛豫至新的平衡态。依据理想气体定律，可以得到纳米气泡内部气体压强的增量

$$(dp_{in})_{ME} = \left(\frac{R_M T}{N_A}dN_g - p_{in}dV_g\right)\Big/V_g \tag{4-10}$$

其中，下标 ME 代表力学平衡(mechanical equilibrium)，R_M 为气体的摩尔气体常数，V_g 为纳米气泡体积，N_A 为阿伏伽德罗常数。纳米气泡泄漏出来的气体使得水环境进一步增大过饱和度。根据 Henry 定律，可以得到为了维持气体扩散平衡所需要的内部压强增量为

$$(dp_{in})_{TE} = Hdc = \frac{HM_g}{N_A V_d}dN_d = -\frac{HM_g}{N_A V_d}dN_g \tag{4-11}$$

其中，下标 TE 代表热力学平衡(thermodynamic equilibrium)，M_g 为气体分子的分子质量。在式(4-11)的推导中，利用了表达式 $dN_d = -dN_g$。通过比较 $(dp_{in})_{TE}$ 和 $(dp_{in})_{ME}$，可以得到气体扩散平衡的稳定条件：如果 $(dp_{in})_{TE}/(dp_{in})_{ME} > 1$，则泄漏出的气体将会扩散回纳米气泡，从而纳米气泡的气体扩散热力学平衡是稳定的。结合式(4-10)和式(4-11)，$(dp_{in})_{TE}$ 和 $(d\,\mathrm{p}_{in})_{ME}$ 的比例可以进一步简化为

$$\frac{(dp_{in})_{TE}}{(dp_{in})_{ME}} = -\frac{1}{V_g}\frac{dm_g}{d\rho_{in}}\frac{N_g}{N_d} \tag{4-12}$$

其中，m_g 为纳米气泡内部气体的质量，ρ_{in} 为纳米气泡内部气体的密度。结合理想气体定律以及近似 $p_{in}=2\sigma/R_e$，可以得到 $dm_g/d\rho_{in}=-8\pi R_e^3/3$，将其代入式(4-12)可得

$$\frac{(dp_{in})_{TE}}{(dp_{in})_{ME}}=2\frac{N_g}{N_d} \tag{4-13}$$

最终，纳米气泡气体扩散热力学平衡的稳定条件为

$$\frac{N_g}{N_d}>0.5 \tag{4-14}$$

这一条件表明，对于纳米气泡悬浮液，包含于纳米气泡内的气体量应超过溶解于水中的气体量的一半，这样纳米气泡的气体扩散平衡才是稳定平衡。本章的模拟工况也都满足这一稳定性条件。为了更直观地理解这一稳定性判据，可以想象如下场景：在纳米气泡悬浮液中，悬浮纳米气泡越多，纳米气泡因溶解而泄漏的气体会越快地提升水的过饱和度，从而压制纳米气泡的进一步溶解。实验报告的纳米气泡数密度可达 $10^9\ mL^{-1}$ 的量级[76,90]，如此高的纳米气泡数密度应有助于纳米气泡维持稳定。此外，Weijs 等[96]基于二维分子动力学模拟也得出纳米气泡的紧密排布(小纳米气泡间距)有助于纳米气泡维持稳定，这也与本书的理论分析结果一致。最后需要强调的是，判据(4-14)是基于理想气体定律和 Henry 定律皆成立的假设推导的，推导过程忽略了气泡界面电荷的静电应力。因此，在理想气体定律或 Henry 定律不够准确(如气泡尺寸过小的情形)或界面电荷作用不宜忽略(如水环境呈现强碱性的情形)时，判据(4-14)的形式可能需要做出相应的调整。

4.3 本章小结

本章针对悬浮纳米气泡的稳定性问题开展了全原子分子动力学模拟(气泡直径数纳米)和粗粒化分子动力学模拟(气泡直径约百纳米)。在纳米气泡达到平衡状态后，对其内部和界面特性进行了统计计算。基于气泡特性分析，进一步理论分析了悬浮纳米气泡的平衡和稳定性机制。

首先，采用分子动力学模拟揭示了悬浮纳米气泡的特性。结果表明，纳米气泡内部气体有着极高的压强(1 MPa 量级)和密度($10\ kg\cdot m^{-3}$ 量级)。纳米气泡界面处有双层净电荷分布，内层为正电荷，外层为负电荷。纳米气泡界面处氢键强度减弱，界面分子排布的改变减小了表面张力。纳

米气泡与水环境不断进行气体扩散交换，且水环境溶解气体为过饱和状态。上述特性皆有利于纳米气泡保持稳定。

其次，在所得纳米气泡特性的基础上分析了纳米气泡的平衡，包括气泡界面受力平衡，以及气泡与水环境气体扩散热力学平衡。界面受力平衡方程解得的纳米气泡平衡半径与全原子模拟结果吻合良好，表明该方程可以很好地描述尺寸小至数纳米的纳米气泡的界面受力平衡。理论分析也表明，水环境溶解气体过饱和应是纳米气泡平衡的必要条件，且纳米气泡越小，所需要的过饱和度越高。

最后，在理想气体定律和 Henry 定律的基础上，分析了纳米气泡平衡的稳定性。由于界面所受合力的负反馈机制，纳米气泡界面的受力平衡是一种稳定平衡。而对于纳米气泡与水环境的气体扩散平衡，其稳定性条件为：包含于纳米气泡内的气体分子数量应超过溶解于水中的气体分子数量的一半。这一稳定性判据表明，提高纳米气泡数密度有利于悬浮纳米气泡维持稳定。

第5章　磷脂单分子层纳米气泡稳态空化的气泡动力学

本章将采用分子动力学方法模拟磷脂单分子层纳米气泡的稳态空化，并在其基础上进一步完善相应气泡动力学模型。为了使模拟工况的时空尺度更接近实验工况，本章采用了粗粒化分子动力学模拟方法。针对一直径约100 nm的磷脂单分子层气泡，先统计计算了其内部压力、内部密度和气体扩散特性，进而模拟其在不同幅值（10 atm量级）和不同频率（100 MHz量级）的超声照射下的发展演变。理论分析方面，则从磷脂单分子层纳米气泡的极小幅振动入手，将磷脂层近似视为二维线性黏弹性膜层。数值求解气泡动力学方程，结合分子动力学模拟结果拟合出磷脂层物性参数。对于气泡大幅振动情形，则在气泡动力学模型中进一步引入磷脂层非线性特性，以精确描述磷脂单分子层纳米气泡的稳态空化。

5.1　磷脂单分子层纳米气泡稳态空化的分子动力学模拟

5.1.1　模拟方法及数值处理

本章的模拟研究分为两部分，分别为磷脂单分子层纳米气泡物性的平衡采样模拟，以及磷脂单分子层纳米气泡的稳态空化模拟。本节将对本章模拟方法进行详细介绍。

模拟体系初始构型如图5.1所示。图5.1(a)为气泡物性平衡采样模拟的初始构型，由水、氮气、DPPC磷脂构成。模拟域为边长L的立方体，三个维度皆采用周期性边界条件。其中磷脂单分子层纳米气泡已经处于平衡状态：气泡界面（含磷脂层）受力达到平衡，气泡与水环境之间气体交换也处于动态平衡。图5.1(b)为气泡稳态空化模拟的初始构型，可在图5.1(a)的基础上获得。x和y维度采用周期性边界条件，z维度则采用非周期性边界条件，并由固体活塞对两侧进行约束。通过在模拟中给活塞施加额外的力，即可实现超声波模拟。

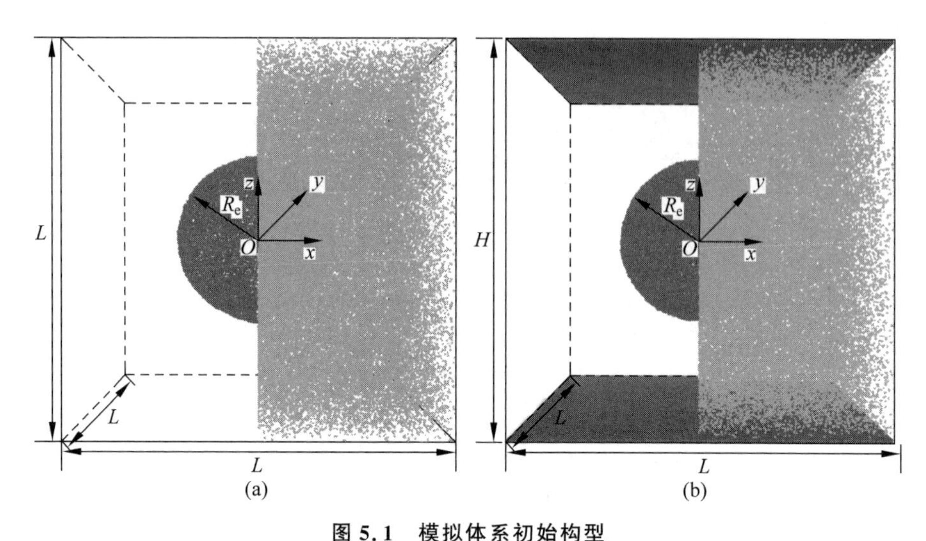

图 5.1 模拟体系初始构型

(a) 气泡物性平衡采样模拟；(b) 气泡稳态空化模拟

注：模拟体系左右对称，为了便于演示，左侧只显示 DPPC 磷脂分子，右侧只显示氮气分子，(b)中上下为固体活塞原子；水分子皆被隐藏。

描述分子间相互作用的力场模型方面，本章采用了 MARTINI 力场中的水分子模型和 DPPC 磷脂模型，以及与之适配的氮气力场模型[159]。MARTINI 力场[147-148]是目前常用于生物分子(如磷脂、蛋白质等)体系模拟的粗粒化力场之一，其也被广泛用于模拟纳米气泡溃灭过程[149-154]。DPPC 磷脂被广泛用于制备磷脂单分子层纳米气泡[38-39]，故被本章模拟选用。实验中通常采用 C_3F_8 等难溶气体制备磷脂单分子层纳米气泡，然而 MARTINI 力场中尚没有描述这类气体的势能模型，故本章模拟中气体选为氮气。模拟中相互作用点间 LJ 势能截断半径取为 12 Å，且相互作用点间 LJ 势能和受力在间距 9 Å 和 12 Å 之间平滑地过渡为零，以减小截断噪声，时间步长取为 20 fs。模拟分子力场参数见表 2.2，其中 P_4 代表水相互作用点，BP_4 代表"抗结冰水作用点"(antifreeze water bead)，G_1 代表氮气相互作用点，C_1、N_a、Q_0、Q_a 为构成 DPPC 磷脂分子的相互作用点。

模拟流程上，首先采用 Packmol 和 Moltemplate[135]生成模拟初始条件。模拟体系边长 $L=160$ nm，其中含有 3000 万个水相互作用点、19.8 万个氮气相互作用点和 3 万个 DPPC 磷脂分子。模拟体系中含有磷脂层和固体活塞，二者皆可能作为凝结核诱使水在模拟中结冰[148]。为了抑制结冰现象，模拟体系中 10%的水相互作用点被替换为"抗结冰水作用点"[156-158]。

以往的研究表明，添加“抗结冰水作用点”不会影响磷脂层的结构特性[158]。生成初始条件后，参考4.1.1节的步骤，对模拟体系分别执行NVT系综模拟和NPT系综模拟，使得模拟体系演变到图5.1(a)所示的平衡状态。体系温度设置为310 K，体系压强设置为1 atm。在纳米气泡达到平衡状态后，进一步对磷脂单分子层纳米气泡的物性进行统计采样计算（方法同4.1.1节）。在模拟体系z维度的两个方向添加固体活塞，并采用活塞控压法对模拟体系施加超声波，模拟磷脂单分子层纳米气泡的稳态空化。活塞控压法的控压效果验证已在2.1.3节给出。在气泡稳态空化模拟中，模拟体系x和y维度的尺寸（等同于活塞尺寸）保持不变，z维度的尺寸则处于不断变化之中。

接下来详细介绍模拟气泡稳态空化的方法。首先，在图5.1(a)所示的平衡态构型基础上，在z维度的两个方向各添加一个固体活塞。固体活塞在x和y两个维度的尺寸皆为L（面积$S^p = L^2$），而在z方向的厚度为20 Å。构成固体活塞的原子按照面心立方晶格（face center cubic，FCC）结构排布，晶格常数取为10 Å。活塞原子在x和y两个维度的位置坐标固定，只能在z维度做平移运动。活塞原子的力场参数取为水相互作用点的参数。不过，活塞原子-氮气相互作用点的力场参数则取为$\sigma_{LJ} = 6.3$ Å，$\varepsilon_{LJ} = 0.382\,409$ kcal·mol^{-1}，以确保氮气分子不会在模拟中穿过固体活塞的原子间隙。在添加活塞后，对两个活塞分别施加大小相同方向相反的力$\boldsymbol{F}^p$，使得活塞承受额外压强$|\boldsymbol{F}^p|/S^p = 1$ atm。同时采用Berendsen控温算法将水温恒定在310 K。经过2 ns的模拟，体系演变为图5.1(b)所示构型。此时固体活塞达到受力平衡状态，水的压强也再次恒定在1 atm。最后，从图5.1(b)的初始构型出发，在模拟中不断调控额外施加给固体活塞的力，使得水的压强按照

$$P_1(t) = P_0 - A\sin(2\pi f t) \tag{5-1}$$

演变。其中，P_0为水的初始压强即1 atm，A为施加的超声波幅值，f为超声波频率。在本章的模拟中，超声波幅值量级为10 atm，超声波频率量级为100 MHz。水中声速V_s量级为10^3 m·s^{-1}。根据声波波长和声波频率的关系$\lambda = V_s/f$，超声波波长λ的量级为10 μm，远大于模拟体系尺寸L。所以，模拟体系中水的压强可以视为是均匀的。

为了量化磷脂单分子层纳米气泡的稳态空化，模拟中估算了其半径R在超声照射下的演变。假设气泡的演变是球对称的。将模拟时间域等分为一系列子区间，并假设每个子区间中气泡尺寸近似保持不变。在每一个子

区间中，都按照4.1.1节中的方法统计计算水密度的径向分布，然后利用双曲正切式

$$\rho_{H_2O}(r)=\frac{1}{2}(\rho_{H_2O,out}+\rho_{H_2O,in})+\frac{1}{2}(\rho_{H_2O,out}-\rho_{H_2O,in})\tanh\left(\frac{2(r-R)}{\xi_w}\right) \tag{5-2}$$

拟合出纳米气泡半径 R，该半径对应的时刻为子区间的中点时刻。式(5-2)中 $\rho_{H_2O,in}$ 和 $\rho_{H_2O,out}$ 分别为纳米气泡内部和外部(均质区域)的密度，ξ_w 为气泡界面厚度[95]。该方法可以消除热力学扰动对气泡半径估算结果的影响，有利于后续的理论分析。本节的模拟中，子区间时长取为20 ps(模拟1000步)，后文也会验证该取值的合理性。

5.1.2 模拟方法验证分析

本节对本章模拟方法进行验证，包括气泡半径估算方法验证、有限尺度效应验证，以及模拟重复性验证。

首先是半径估算方法验证。如5.1.1节所述，模拟中将模拟时间域划分为一系列长20 ps(模拟1000步)的子区间，在每个子区间内统计计算水密度的径向分布，再利用双曲正切式(5-2)拟合子区间内的气泡半径。这一方法假定了每个子区间内气泡尺寸都近似保持不变。为了验证该半径估算方法的准确性，这里选取一典型工况(超声幅值 $A=20$ atm，超声频率 $f=100$ MHz)开展三组模拟计算。每组计算中，子区间长度分别取为10 ps(模拟500步)、20 ps(模拟1000步)和40 ps(模拟2000步)，以分析子区间时长对估算气泡半径演变的影响。验证结果如图5.2所示。三组计算

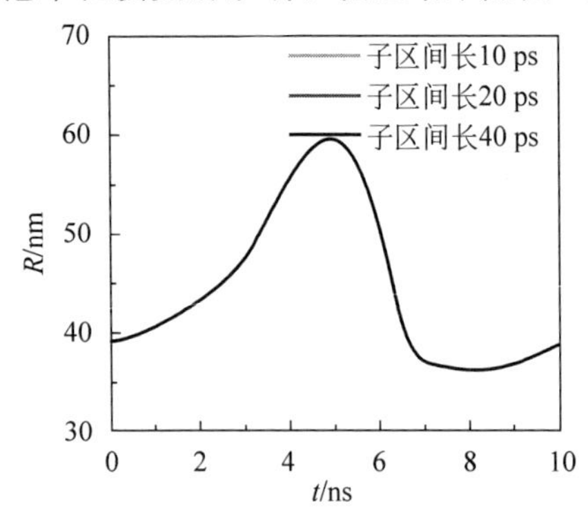

图5.2 半径估算方法验证结果

所得气泡半径演变曲线吻合良好，气泡最大半径的均值和标准差为 59.49±0.01 nm。上述结果表明，本章采用的气泡半径估算方法可以很好地捕捉到模拟中气泡的尺寸演变，且统计计算子区间长度取 20 ps 不会对气泡尺寸估算结果造成显著偏差。

其次是模拟重复性验证。对于图 5.1(b)中的模拟构型，对其执行平衡模拟 2 ns，维持体系温度和压强不变，再将所得的平衡态构型用作稳态空化模拟的初始条件，共开展三次模拟。模拟参数为超声幅值 $A=20$ atm，超声频率 $f=100$ MHz。模拟所得气泡尺寸演变结果如图 5.3 所示。三次模拟所得气泡尺寸演变曲线几乎一致，气泡最大半径 R_{max} 的均值和标准差为 59.7±0.2 nm，气泡最小半径 R_{min} 的均值和标准差为 36.0±0.1 nm。上述结果验证了模拟结果的可重复性。

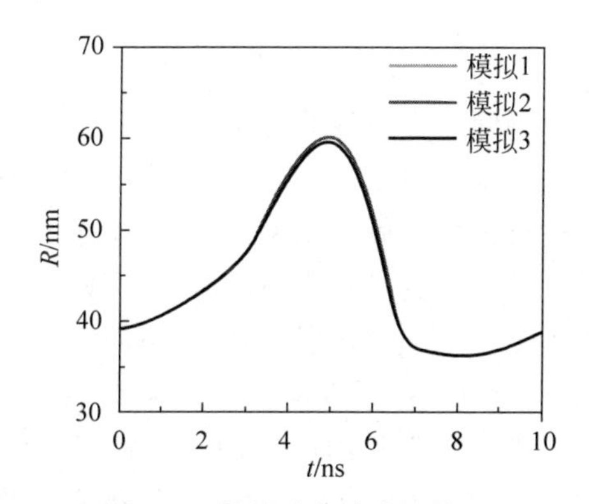

图 5.3　模拟重复性验证结果

最后是有限尺度效应验证。这里开展了较大尺寸模拟体系($L=200$ nm)的模拟，并与较小尺寸体系($L=160$ nm)的模拟结果进行比较，以确保有限尺度效应可以忽略不计[149,172]。需要注意的是，这里的 L 为模拟体系 x 和 y 维度的尺寸。两组模拟中 z 维度的尺寸皆为 160 nm，以确保活塞控压法控压效果完全一致。较大尺寸的模拟体系含有 4650 万个水相互作用点，27 万个氮相互作用点，以及 3 万个 DPPC 磷脂分子。模拟参数为超声幅值 $A=20$ atm，超声频率 $f=100$ MHz。图 5.4 给出了有限尺度效应验证结果。两组模拟所得气泡尺寸演变曲线较为吻合，气泡最大半径 R_{max} 的相对偏差为 0.03%，气泡最小半径 R_{min} 的相对偏差为 1.7%。由此可得，模拟域尺寸 $L=160$ nm 足够大，有限尺度效应可以忽略不计。

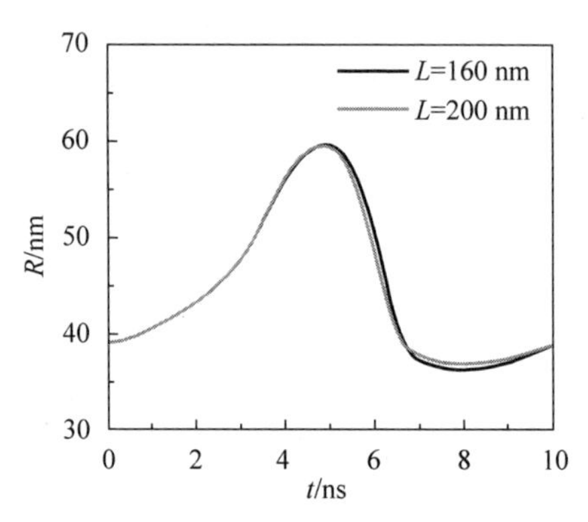

图 5.4 有限尺度效应验证结果

5.1.3 磷脂单分子层纳米气泡特性分析

采用与 4.1.1 节相同的统计计算方法，本节在磷脂单分子层纳米气泡达到平衡状态之后进一步开展 10 ns 的 NPT 系综模拟，在模拟中每隔一定时间步对体系状态进行采样并做算术平均，以求得统计意义下的磷脂单分子层纳米气泡物性。这里对纳米气泡内部压力、密度以及气泡-水环境气体交换进行了计算和分析。为了比较气泡磷脂层不同状态下的气泡物性，除了图 5.1(a)所示工况，本节也模拟了气体含量相对较小的工况，其中含有 15.8 万个氮气相互作用点，而水相互作用点和 DPPC 磷脂分子数量则保持不变。

在平衡采样模拟的 10 ns 内，磷脂单分子层纳米气泡所含气体分子数(以半径(R_e+1) nm 的球形区域内所含氮气分子数量作为估计)演变曲线如图 5.5 所示。可以看出，平衡采样模拟期间，两组工况的气泡内气体分子数量基本保持恒定，纳米气泡皆处于平衡状态。此外，平衡半径 R_e=39.1 nm 的气泡内氮气含量约为半径 R_e=38.3 nm 的气泡内氮气含量的 1.3 倍，说明尺寸几乎相同的磷脂单分子层纳米气泡内部状态也可以显著不同。

在磷脂单分子层纳米气泡达到平衡状态后，其径向水密度分布如图 5.6 所示。分布曲线整体接近双曲正切曲线，故可以利用式(5-2)拟合出气泡的平衡半径。与 4.1.4 节中结果略有不同的是，临近气泡界面处水的密度有一较小幅度的波动，这应是模拟中引入的“抗结冰水作用点”导致的。气泡内部水的密度约为 1.5 $kg \cdot m^{-3}$，说明气泡内含有一定量的水蒸气分子。气泡外部水的密度约为 886 $kg \cdot m^{-3}$，相比实验值低约 10%，这也是由于模拟体系中引入了“抗结冰水作用点”导致的[148]。

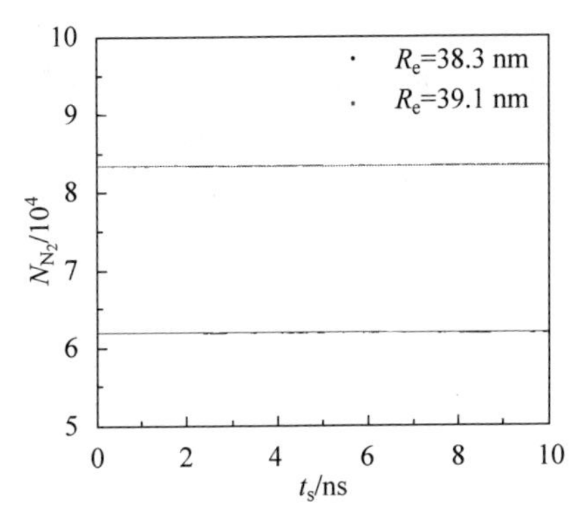

图 5.5　磷脂单分子层纳米气泡所含氮气分子数在平衡采样模拟期间内的演变(前附彩图)

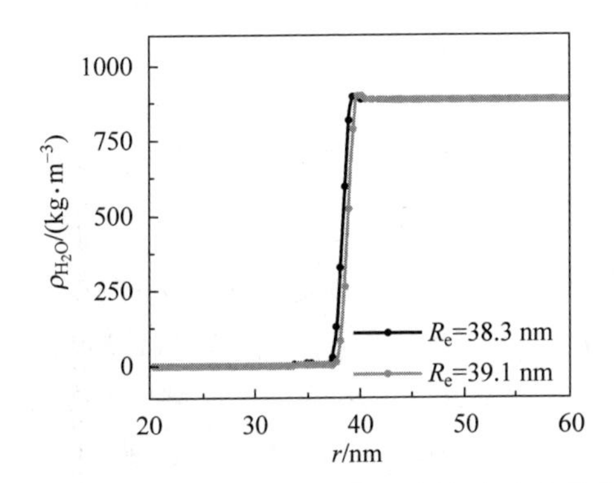

图 5.6　磷脂单分子层纳米气泡径向水密度分布

平衡态磷脂单分子层纳米气泡的径向氮气密度分布如图 5.7 所示。临近气泡界面处氮气的密度存有一个极高的峰值,表明氮气和 DPPC 磷脂分子疏水尾部的相互作用要强于氮气分子之间的相互作用,从而导致了氮气分子在界面处更加紧密的排布。纳米气泡内部氮气密度为 10 $kg\cdot m^{-3}$ 量级,远大于其标准温度标准压强下的密度 1.25 $kg\cdot m^{-3}$。纳米气泡外部氮气密度约为 1.5 $kg\cdot m^{-3}$,高于氮气在水中的饱和溶解度,即纳米气泡水环境的溶解气体是过饱和的。由此可见,即便是有磷脂单分子层包覆的纳米气泡,其平衡状态的维持仍依赖于水环境溶解气体过饱和。这一结论可以解释实验中微纳米气泡 UCA 气体成分的演变趋势:最初为空气,后来演变至 SF_6 和 C_3F_8 等难溶气体。对于难溶气体,其更易使水环境达到过饱和,从而可以维持气泡保持平衡状态,阻碍气泡继续溶解。平衡半径 R_e=38.3 nm 气泡内氮气密度仅为半径 R_e=39.1 nm 气泡内氮气密度的 75%,这与其内部含有更少氮气分子相一致。Sojahrood 等[119]的研究表明，实现磷脂单分子层纳米气泡尺寸的单一分布对提高其超声成像效果十分重要。本章结果则表明，即使纳米气泡尺寸相同，磷脂层不同的应力状态也会显著影响气泡内部状态，所以有必要在气泡制备过程中对磷脂层状态加以调控。

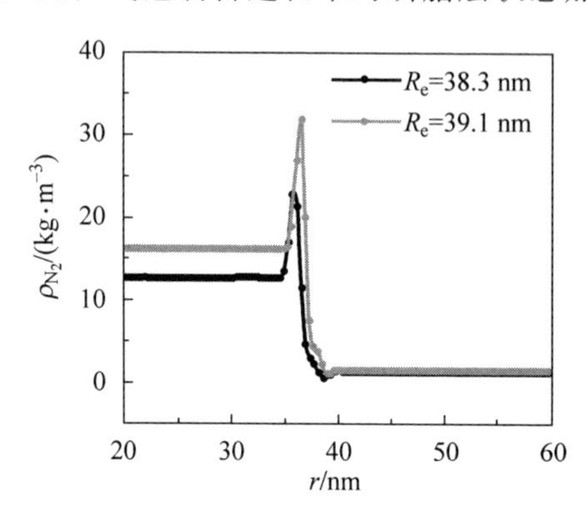

图 5.7　磷脂单分子层纳米气泡径向氮气密度分布

平衡态磷脂单分子层纳米气泡的 Trace($\boldsymbol{P}$)/3 的径向分布如图 5.8 所示。纳米气泡内部压强为 10 atm 量级。虽然表面张力会因为磷脂单分子层的存在而减小，但是由于气泡半径仅数十纳米，最终导致气泡内部有极高的压强。平衡半径 R_e=38.3 nm 的气泡内压强比半径 R_e=39.1 nm 的气泡内压强低了约 3 atm，说明半径 R_e=38.3 nm 的气泡磷脂层抵消了更多的表面张力。纳米气泡的界面处为非均质区域(气体-磷脂单分子层-液体界面)，故图 5.8 中 Trace($\boldsymbol{P}$)/3 的值在界面处存在波动[190]。

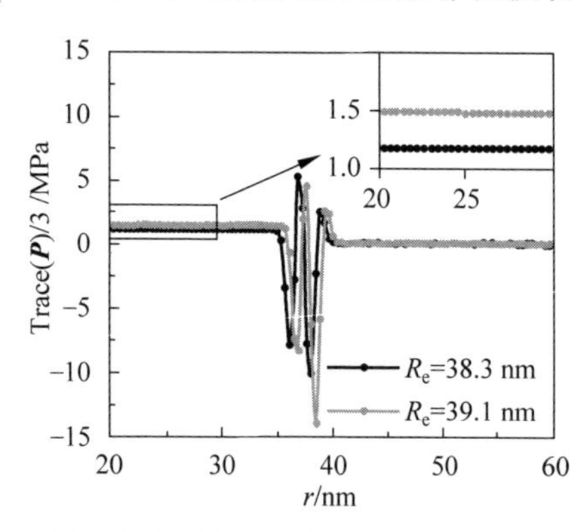

图 5.8　磷脂单分子层纳米气泡 Trace($\boldsymbol{P}$)/3 径向分布

模拟发现，气泡磷脂层抵消表面张力的程度是有限的。如果气泡内初始压强较低，气泡磷脂层会因承受了较大压应力而屈曲褶皱，导致气泡最终溃灭。下面给出了泡内初始压强 2 atm 工况的模拟结果。去除图 5.1(a)体系中约 90%的氮气分子，即可得到该模拟体系的初始条件。对初始体系执行 NPT 系综模拟 20 ns 后，气泡磷脂层形貌如图 5.9 所示。可以看出，磷脂层出现了大片褶皱，部分磷脂单层也合并成了双层结构。结果表明，DPPC 磷脂覆盖的平衡态纳米气泡内部应为高压高密度状态，气泡水环境中的溶解气体也应处于过饱和状态。

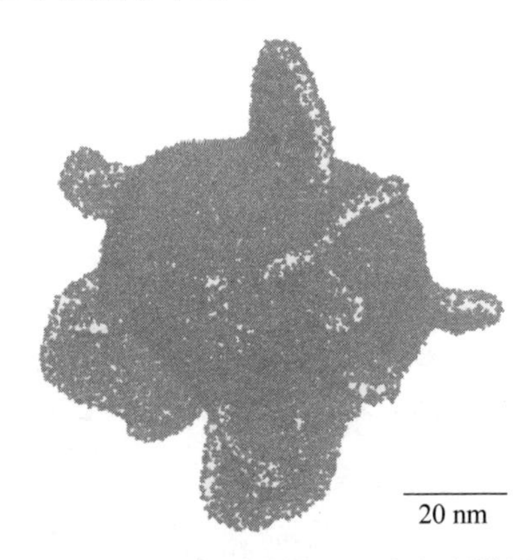

图 5.9　内部初始压强约为 2 atm 的磷脂单层纳米气泡模拟 20 ns 后磷脂层形貌

除了气泡内部的压强和密度，这里也对气泡-水环境之间的气体交换进行了统计分析。同 4.1.1 节的计算方法，将球心置于模拟体系中心，半径 (R_e-1) nm 的球形内的氮气分子视作纳米气泡内部的氮分子，半径 (R_e+1) nm 的球形外的氮气分子视作纳米气泡外的氮分子。随着平衡采样模拟时间 t_s 的演变，氮气分子仍位于其原来区域的比例如图 5.10(a)～(b)所示。在平衡采样模拟的 10 ns 内，纳米气泡与周围水环境不断发生气体交换，不过绝大多数的气体分子(超过 95%)仍留在其原来所在的区域。相比于无磷脂包覆的气泡(4.1.4 节)，磷脂单分子层纳米气泡与水环境气体交换速率更慢，这说明磷脂单分子层对气体分子扩散有一定的阻滞作用。不过，磷脂单分子层并不能完全隔绝气泡内外的气体交换。图 5.10(c)～(d)展示了磷脂单分子层纳米气泡内外气体分子的 MSD_{in} 和 MSD_{out} 随时间的演变。其中，MSD_{in} 随着时间的推进而逐步增长，并最终稳定于一个平台值，与球形约束空间内的扩散理论预测 $6R_e^2/5$ 一致(相对偏差小于 1%)。

而 MSD_{out} 的演变曲线在双对数坐标系下斜率小于1，表明模拟中溶解气体分子处于亚扩散状态。平衡半径 $R_e=38.3$ nm 气泡内外气体交换特性与半径 $R_e=39.1$ nm 气泡的基本一致，说明气泡磷脂层的应力状态以及气泡内部密度等对气体扩散没有显著影响。

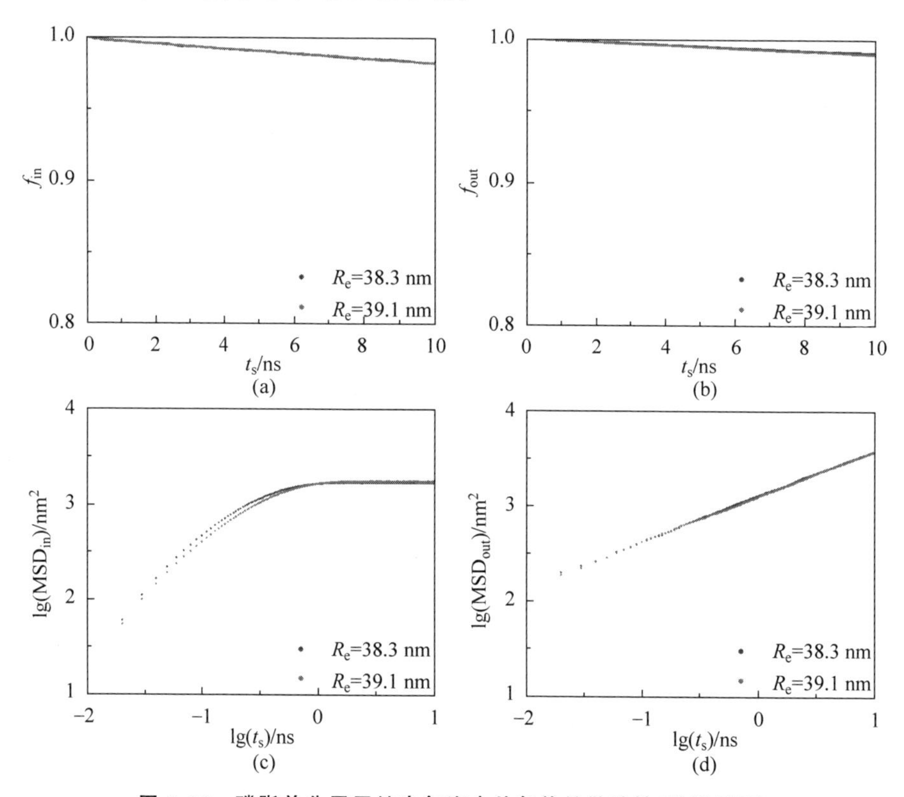

图 5.10　磷脂单分子层纳米气泡内外气体扩散特性(前附彩图)

(a) 氮气分子仍留存在纳米气泡内的比例；(b) 氮气分子仍留存在纳米气泡外的比例；(c) 纳米气泡内部氮气分子的均方位移；(d) 纳米气泡外部氮气分子的均方位移

5.1.4　磷脂单分子层纳米气泡稳态空化分析

在磷脂单分子层纳米气泡达到平衡状态后(图 5.1(b))，对模拟体系施加超声波，使液体压强按照式(5-1)的形式演变，即可模拟磷脂单分子层纳米气泡的稳态空化。本节模拟中，超声波频率 f 量级为 100 MHz，超声波幅值 A 量级为 10 atm。受分子动力学模拟计算量所限，模拟中选取的超声波频率要高于通常实验值。以超声波频率 $f=100$ MHz 的工况为例，模拟一个超声周期(10 ns)需要在 256 核超级计算机上运行 50 h 左右。

首先,本节将超声波频率固定为 100 MHz,而超声波幅值分别取 5 atm、10 atm、15 atm 和 20 atm,以观测图 5.1(b)中的磷脂单分子层纳米气泡在不同幅值超声下的稳态空化。模拟所得的气泡在一个超声周期内的尺寸演变如图 5.11 所示。可以看出在超声照射下,气泡的尺寸先膨胀后收缩,最终恢复至平衡尺寸。设气泡膨胀阶段的相对振幅为 $E_r=(R_{max}-R_e)/R_e$,收缩阶段的相对振幅为 $C_r=(R_e-R_{min})/R_e$,这里 R_{min} 和 R_{max} 分别为气泡半径的最小值和最大值,R_e 为气泡的初始平衡半径。图 5.11 中四个工况对应的膨胀相对振幅和收缩相对振幅由表 5.1 给出。

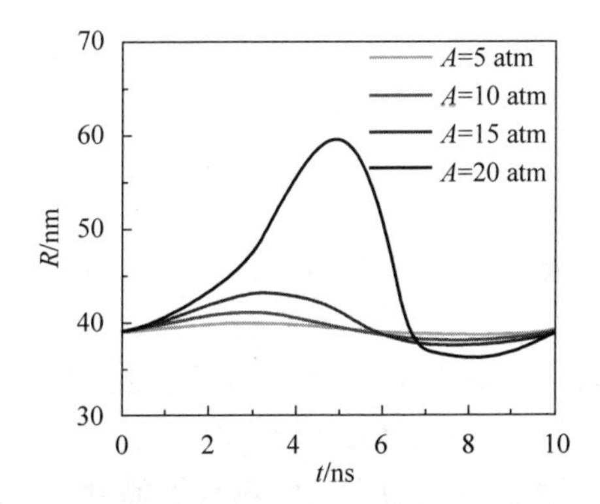

图 5.11　模拟所得磷脂单分子层纳米气泡在频率 100 MHz 而幅值不同的超声照射下的尺寸演变(前附彩图)

表 5.1　气泡在不同幅值超声下的膨胀相对振幅和收缩相对振幅

参　　数	工况 1	工况 2	工况 3	工况 4
超声幅值/atm	5	10	15	20
膨胀相对振幅 E_r/%	2.1	5.0	10.2	51.8
收缩相对振幅 C_r/%	1.5	2.8	4.2	8.0
E_r/C_r	1.4	1.8	2.4	6.5

由图 5.11 和表 5.1 中的结果可知,在超声幅值 $A=5$ atm 和 $A=10$ atm 的情况下,磷脂单分子层纳米气泡仅进行极小幅度的振动,气泡半径的相对变化量最大约 5%。而对于超声幅值 $A=15$ atm 和 $A=20$ atm 的工况,磷脂单分子层纳米气泡的振动幅度则相对大很多。尤其是 $A=20$ atm 的工况,气泡半径的相对变化量最大超过了 50%。这说明磷脂单分子层纳米气泡有着与微泡 UCA 类似的"阈值行为"(thresholding behavior)[112],即只有当超声波的压力幅值超过某个临界值后,气泡才会产生显著的振动响应。

与微泡 UCA 不同的是，磷脂单分子层纳米气泡的超声响应没有展现出“只收缩行为”(compression only behavior)[113]。“只收缩行为”指的是微泡 UCA 在超声下进行非对称振动，且其膨胀阶段的振幅 E_r 远小于其收缩阶段的振幅 C_r。de Jong 等[113]首次用高速相机观测到“只收缩行为”，并将“只收缩行为”的判据定义为 $E_r/C_r<0.5$。由表 5.1 中的结果可知，无论超声幅值取何值，气泡的膨胀相对振幅都要大于其收缩相对振幅(即 $E_r/C_r>1$)，且随着超声幅值的增大，E_r/C_r 也越来越大。也就是说，磷脂单分子层纳米气泡只展现出了“只膨胀行为”，即非对称振动的气泡收缩阶段振幅 C_r 远小于其膨胀阶段的振幅 E_r。参考 de Jong 等的定义，这里将“只膨胀行为”的判据定义为 $C_r/E_r<0.5$。在 $A=5$ atm 和 $A=10$ atm 的工况中，$0.5<C_r/E_r<1$；而在 $A=15$ atm 和 $A=20$ atm 的工况中，$C_r/E_r<0.5$。随着超声幅值的增大，磷脂单分子层纳米气泡没有“只收缩行为”，而展现出了“只膨胀行为”。微泡 UCA 的“只收缩行为”可归因于其磷脂层的屈曲褶皱(buckling)[111]：微泡 UCA 在超声下收缩时，其磷脂层可能会屈曲褶皱，导致气泡更容易被压缩。而对于磷脂单分子层纳米气泡，其内部气体为高压强高密度，在温度恒定的情况下，气体的压强越大，其可压缩性越小。故而磷脂单分子层纳米气泡难以被进一步压缩，也没有展现出“只收缩行为”。

为了更直观地理解磷脂单分子层纳米气泡的“阈值行为”和“只膨胀行为”，接下来对典型工况的模拟结果进行可视化分析。首先对超声频率 $f=100$ MHz，超声幅值 $A=10$ atm 工况下的气泡超声响应进行分析。由图 5.11 可知，该模拟工况中，气泡尺寸在 $t=3$ ns 时刻达到最大，在 $t=8$ ns 时刻达到最小。图 5.12 给出了这两个时刻气泡磷脂层的正视图。图 5.12(a)为气泡膨胀至最大的状态，图 5.12(b)为气泡收缩至最小的状态，两个时刻纳米气泡的形状皆接近理想球形，磷脂层形貌完好，没有明显的不同，说明气泡在幅值 $A=10$ atm 的超声下做小振幅振动，磷脂层的应变极小。

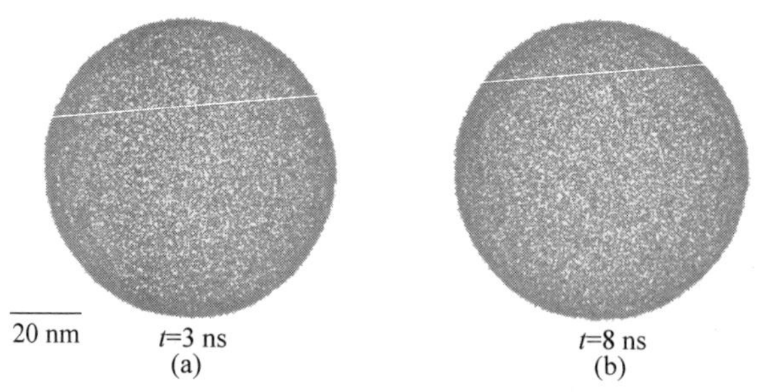

图 5.12 超声频率 $f=100$ MHz，超声幅值 $A=10$ atm 工况下气泡磷脂层形貌演变

其次，分析超声频率 $f=100$ MHz，超声幅值 $A=15$ atm 工况下的气泡稳态空化，该工况中各时刻气泡磷脂层正视图如图 5.13 所示。图 5.13(a)给出了气泡尺寸最大时刻($t=3.5$ ns)磷脂层的正视图，磷脂层内有零星孔洞，表明随着磷脂层扩展应变(dilatational strain)的增大，磷脂层会发生破裂(rupturing)现象。在 $t=3.5$ ns 时刻之后，气泡尺寸开始逐步缩小。比较 $t=3.5$ ns、4.0 ns 以及 4.5 ns 时刻(图 5.13(a)～(c))的磷脂层形貌，可以发现在磷脂层破裂后，哪怕气泡尺寸缩小，磷脂层上孔洞尺寸也在进一步扩大。随着气泡尺寸进一步缩小，磷脂层孔洞才缩小乃至消失(图 5.13(d)～(f))。

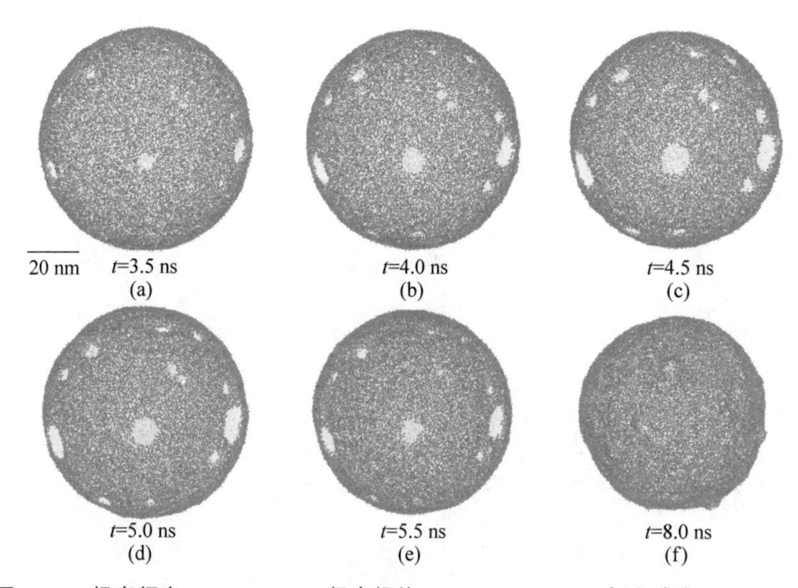

图 5.13　超声频率 $f=100$ MHz，超声幅值 $A=15$ atm 工况下气泡磷脂层形貌演变

再次，对图 5.13 中磷脂层孔洞的尺寸演变进行详细分析。随着气泡尺寸的生长，磷脂层扩展应变增大，磷脂层内扩展应力(dilatational stress)也随之增大。当磷脂层扩展应变达到某临界值后，磷脂层破裂产生孔洞。孔洞处表面张力可近似为气-液自由界面表面张力，其值与磷脂覆盖处表面张力不一致，产生了 Marangoni 效应。在磷脂层破裂的时刻，磷脂覆盖处表面张力应大于气-液自由界面表面张力。在磷脂层破裂后，孔洞边界处存在的表面张力梯度驱使磷脂层孔洞扩大，从而产生了气泡尺寸缩小时磷脂层孔洞仍在扩大的现象。磷脂层孔洞受 Marangoni 效应影响而扩大的同时，磷脂层内扩展应变和扩展应力也会逐步减小，直至磷脂层孔洞边界处表面张力梯度消失。此时磷脂层内仍残存部分应变和应力，以与气-液自由界面表面张力相平衡。此后，随着气泡尺寸的不断演变，磷脂层孔洞的形貌和尺寸也相应地发生变化。

最后，对超声频率 $f=100$ MHz，超声幅值 $A=20$ atm 工况的模拟结果进行可视化分析，该工况中各个典型时刻气泡磷脂层的正视图如图 5.14 所示。在 $t=3$ ns 时刻，纳米气泡的磷脂层上已经出现了多处孔洞(图 5.14(a))。纳米气泡在 $t=5$ ns 时刻膨胀到最大尺寸(图 5.14(b))，形状仍接近理想球形。在气泡的生长过程中，磷脂层上的孔洞也不断生长乃至合并。在超声波的压缩波阶段，纳米气泡逐步收缩，并于 $t=8$ ns 时刻缩小到最小尺寸(图 5.14(c))。此时纳米气泡的磷脂层存在轻微的屈曲褶皱，气泡形状也因壁面效应(模拟体系 x 和 y 方向尺寸在模拟中维持不变，等效于固定壁面)接近椭球型，此时估算的气泡半径是对气泡尺寸的平均描述。由 5.1.2 节中的有限尺度验证结果可知，壁面效应不会对本节模拟的气泡稳态空化产生显著影响。

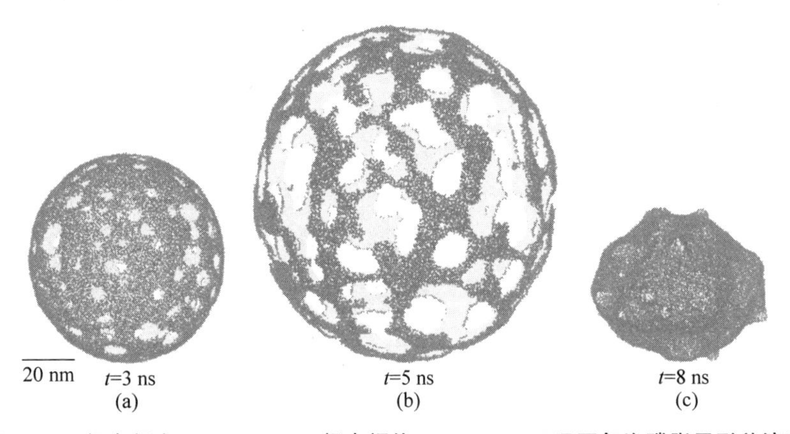

图 5.14　超声频率 $f=100$ MHz，超声幅值 $A=20$ atm 工况下气泡磷脂层形貌演变

以上分析了超声波频率固定的情况下，超声幅值变化对磷脂单分子层纳米气泡稳态空化的影响。接下来分析超声幅值固定，而超声波频率变化对气泡稳态空化的影响。图 5.15(a)给出了超声频率 $f=50$ MHz，超声幅值 $A=5$ atm、$A=10$ atm 和 $A=15$ atm 时，磷脂单分子层纳米气泡在一个超声周期内的尺寸演变曲线。在超声幅值取 5 atm 和 10 atm 时，磷脂单分子层纳米气泡仅进行极小幅度的振动。而对于超声幅值 $A=15$ atm 的工况，气泡的振动幅度则大得多。根据前文的分析，在幅值 $A=15$ atm 的超声波照射下，气泡的磷脂层会发生破裂现象。破裂后的气泡等效表面张力减小，使得气泡更容易膨胀。由于频率 $f=50$ MHz 的超声波相比 $f=100$ MHz 的情况有着更长的负压阶段，从而气泡在磷脂层破裂后有着更长的时间继续生长，导致气泡膨胀相对振幅有较大增长。

图5.15(b)给出了超声频率 $f=200$ MHz，超声幅值 $A=10$ atm、$A=15$ atm 和 $A=20$ atm 时的磷脂单分子层纳米气泡在一个超声周期内的尺寸演变曲线。在超声幅值取 $A=10$ atm 时，磷脂单分子层纳米气泡仅进行极小幅度的振动。对于超声幅值 $A=15$ atm 的工况，由于频率 $f=200$ MHz 的超声波负压阶段较短，即便磷脂层可能发生了破裂现象，也没有充分的时间继续膨胀，气泡膨胀相对振幅不大。对于超声幅值 $A=20$ atm 的工况也有着类似现象，即气泡膨胀相对振幅因超声频率的增大而有较大减小。

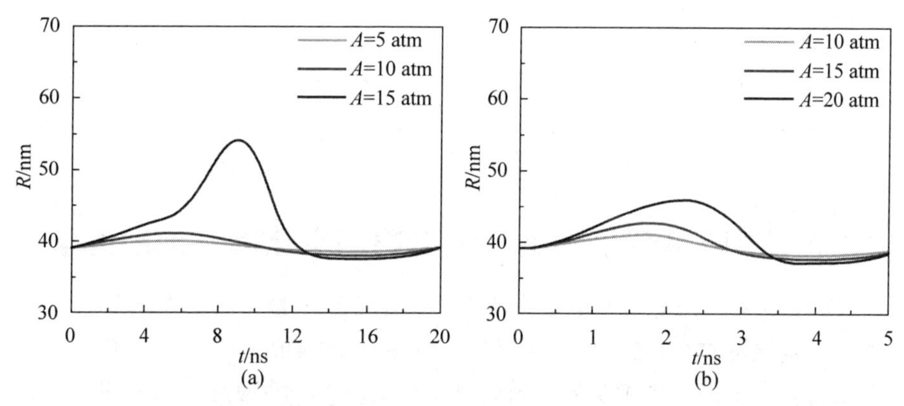

图5.15 模拟所得磷脂单分子层纳米气泡在不同的超声照射下的尺寸演变(前附彩图)

(a) $f=50$ MHz; (b) $f=200$ MHz

表5.2和表5.3总结了超声频率 $f=50$ MHz 和 $f=200$ MHz 的工况中磷脂单分子层纳米气泡的膨胀相对振幅和收缩相对振幅。对于 $f=50$ MHz，$A=5$ atm 和 $A=10$ atm 的工况，磷脂单分子层纳米气泡仍仅进行极小幅度的振动，且气泡的膨胀相对振幅和收缩相对振幅与 $f=100$ MHz 的对应工况相比只是略有增大。对于 $f=200$ MHz，$A=10$ atm 的工况，气泡的膨胀相对振幅和收缩相对振幅与 $f=100$ MHz 的对应工况相比只是略有减小。这表明在磷脂层保持完好的气泡小幅振动情形下，气泡的振动幅度受超声频率的影响较小。对于 $f=50$ MHz，$A=15$ atm 的工况，磷脂单分子层纳米气泡进行较大幅度的振动，且气泡的膨胀相对振幅与 $f=100$ MHz 的工况相比增长很大。而对于 $f=200$ MHz，$A=20$ atm 的工况，磷脂单分

子层纳米气泡的膨胀相对振幅与 $f=100$ MHz 的对应工况相比则有较大减少。这表明在磷脂层发生破裂的气泡大幅振动情形下，气泡的振动幅度会受到超声频率的较大影响，且频率越低振动幅度越大。

表 5.2　气泡在不同幅值超声(频率 50 MHz)下的膨胀相对振幅和收缩相对振幅

参　　数	工况 1	工况 2	工况 3
超声幅值/atm	5	10	15
膨胀相对振幅 E_r/%	2.3	5.1	38.3
收缩相对振幅 C_r/%	1.6	3.0	4.3
E_r/C_r	1.4	1.7	8.9

表 5.3　气泡在不同幅值超声(频率 200 MHz)下的膨胀相对振幅和收缩相对振幅

参　　数	工况 1	工况 2	工况 3
超声幅值/atm	10	15	20
膨胀相对振幅 E_r/%	4.9	9.0	17.4
收缩相对振幅 C_r/%	2.8	4.0	5.1
E_r/C_r	1.8	2.3	3.4

5.2　磷脂单分子层纳米气泡稳态空化的气泡动力学

5.1 节采用分子动力学方法计算了直径百纳米量级的平衡态磷脂单分子层纳米气泡物性，进而模拟了其在不同频率和幅值的超声波照射下的稳态空化。本节将从理论层面对磷脂单分子层纳米气泡稳态空化下的气泡动力学进行分析。由 5.1.4 节所述的模拟结果可知，磷脂单分子层纳米气泡在不同幅值的超声照射下有着截然不同的响应特性：在较低幅值的超声照射下，气泡磷脂层在气泡振动过程中保持完好，气泡仅进行极小幅度的振动(膨胀相对振幅不超过 5%)，且气泡振动幅度受超声频率影响较小；而在较高幅值的超声照射下，气泡磷脂层在气泡振动过程中会出现破裂现象，气泡的膨胀相对振幅要大很多，且气泡振动幅度会受到超声频率的较大影响。结合上述特性，本节将针对磷脂单分子层纳米气泡的小幅振动情形和大幅振动情形分别构建气泡动力学模型并开展理论分析。

5.2.1　气泡动力学模型

在 2.2.2 节介绍 RP 方程的时候已经推导出，对于一个悬浮于不可压缩液体中的球形气泡，假设其尺寸演变是球对称的，则其半径 $R(t)$ 的动力

学方程为

$$\frac{P_{r=R}(t)-P_1(t)}{\rho_1}=R\frac{\mathrm{d}^2R}{\mathrm{d}t^2}+\frac{3}{2}\left(\frac{\mathrm{d}R}{\mathrm{d}t}\right)^2 \tag{5-3}$$

其中，$P_{r=R}(t)$为 t 时刻液体中临近气泡界面处的压强，可由气泡的动态边界条件求得。ρ_1 为液体密度，$P_1(t)$为 t 时刻液体中远离气泡处的压强。对于本章研究的情形，可设 $P_1(t)=P_0-P_i(t)$，其中 P_0 为施加超声波前的液体压强，$P_i(t)=A\sin(2\pi ft)$为对液体施加的超声波。

对于磷脂单分子层纳米气泡，考虑到其磷脂层厚度仅 1 nm 量级，与气泡界面厚度同量级[95]且远小于气泡半径，故可以将磷脂层简化为二维膜层[110]。接下来考虑磷脂单分子层纳米气泡表面上一面积无穷小的控制体，如图 5.16 中的虚线框所示。

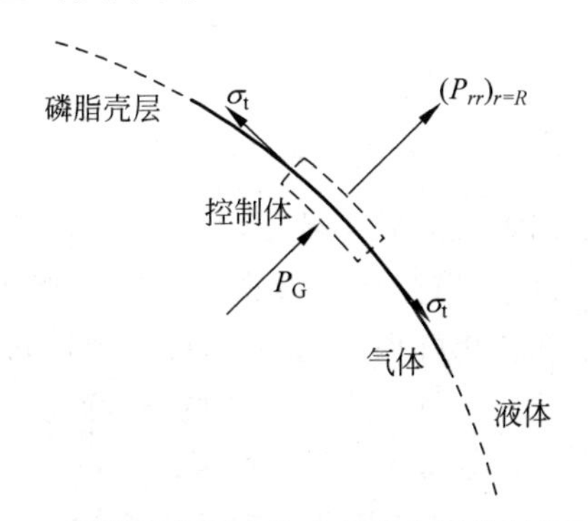

图 5.16　磷脂单分子层纳米气泡表面控制体示意图

这一控制体单位面积所受的径向向外的合力为

$$(P_{rr})_{r=R}+P_G-\frac{2\sigma_t}{R} \tag{5-4}$$

其中，P_G 为气泡内部气体压强，σ_t 为气泡界面处单位长度所受的切向应力(单位 $\mathrm{N\cdot m^{-1}}$)，$(P_{rr})_{r=R}$ 为液体中临近气泡界面处的应力张量径向分量，其表达式为

$$(P_{rr})_{r=R}=-P_{r=R}+2\mu_1\left(\frac{\partial v_r}{\partial r}\right)_{r=R}=-P_{r=R}-\frac{4\mu_1}{R}\frac{\mathrm{d}R}{\mathrm{d}t} \tag{5-5}$$

其中，μ_1 为液体的动力学黏性系数。在不考虑通过气泡边界的质量输运的情况下，这一控制体上单位面积所受的径向向外的合力应为 0，即

$$-P_{r=R}-\frac{4\mu_1}{R}\frac{\mathrm{d}R}{\mathrm{d}t}+P_G-\frac{2\sigma_t}{R}=0 \tag{5-6}$$

由式(5-6)求得 $P_{r=R}$，并进一步代入式(5-3)，即可推导出描述气泡在超声照射下尺寸演变的 RP 方程

$$\rho_1\left[R\frac{\mathrm{d}^2R}{\mathrm{d}t^2}+\frac{3}{2}\left(\frac{\mathrm{d}R}{\mathrm{d}t}\right)^2\right]=-P_0+P_G(t)+A\sin(2\pi ft)-\frac{2\sigma_t}{R}-\frac{4\mu_1}{R}\frac{\mathrm{d}R}{\mathrm{d}t} \tag{5-7}$$

对于方程(5-7)，只要给出气泡内部的压力演变 $P_G(t)$ 和气泡界面处单位长度所受的切向应力 σ_t，即可数值求解出磷脂单分子层纳米气泡在超声波照射下的尺寸演变曲线 $R(t)$。由于模型中不考虑通过气泡边界的质量输运，故而 $P_G(t)$ 可由气体状态方程解得。而对于 σ_t，则需要考虑磷脂层应变时产生的应力，并引入适当的本构关系加以描述。接下来将分别对磷脂单分子层纳米气泡的小幅振动情形(磷脂层形貌完好)和大幅振动情形(磷脂层产生破裂孔洞)进行理论分析。

5.2.2 超声激励下气泡的小幅振动行为

在磷脂单分子层纳米气泡做小幅振动的情形下，气泡磷脂层在气泡振动过程中保持完好，可以将磷脂层近似视为二维黏弹性膜层。本节先从磷脂单分子层纳米气泡的极小幅振动入手，将壳层弹性和黏性近似取做常数，对其气泡动力学进行分析。气泡界面处单位长度所受的切向应力为

$$\sigma_t=\sigma_u+E_s\beta_s+\kappa_s\gamma_s \tag{5-8}$$

其中，σ_u 为磷脂层无应变时的气泡表面张力系数，E_s 为磷脂层的扩展弹性系数(dilatational elasticity)，β_s 为磷脂层的扩展应变，κ_s 为磷脂层的扩展黏性系数(dilatational viscosity)，γ_s 为磷脂层的扩展应变速率(dilatational strain rate)。在极小幅振动的情形下，假设 E_s 和 κ_s 为常数。式(5-8)中的前两项可定义为磷脂层的等效表面张力系数[111]，即

$$\sigma_{\mathrm{eff}}=\sigma_u+E_s\beta_s \tag{5-9}$$

假定气泡的尺寸演变是球对称的，则式(5-8)中不会出现磷脂层的剪切黏弹性[110]。磷脂层扩展应变定义为[110]

$$\beta_s=\frac{4\pi R^2-4\pi R_u^2}{4\pi R_u^2}=\left(\frac{R}{R_u}\right)^2-1 \tag{5-10}$$

其中，R_u 为磷脂层无应变时的气泡半径。这里假定磷脂单分子层纳米气泡在平衡状态时磷脂层已经存在应变，即 $R_e\neq R_u$。由 5.1.3 节的模拟可知，这一假设更符合实际情况。磷脂层扩展应变速率定义为[110]

$$\gamma_s = \frac{1}{4\pi R^2}\frac{d(4\pi R^2)}{dt} = \frac{2}{R}\frac{dR}{dt} \tag{5-11}$$

结合式(5-8)、式(5-10)和式(5-11),即可得到气泡界面处单位长度所受的切向应力。参考经典微泡 UCA 的气泡动力学理论,采用理想气体状态方程描述气泡内部气体状态,并假设气泡内气体经历等温过程,即

$$P_G = P_{G0}\left(\frac{R_e}{R}\right)^3 \tag{5-12}$$

其中,P_{G0} 为磷脂单分子层纳米气泡在其初始平衡状态时的内部压强。根据界面受力平衡方程(5-6),磷脂单分子层纳米气泡初始时刻的内部压强应满足

$$P_{G0} = P_0 + \frac{2\sigma_u}{R_e} + \frac{2E_s}{R_e}\left[\left(\frac{R_e}{R_u}\right)^2 - 1\right] \tag{5-13}$$

将式(5-8)和式(5-12)代入式(5-7),即可得到描述磷脂单分子层气泡在超声照射下做极小幅振动的气泡动力学方程

$$\rho_1\left[R\frac{d^2R}{dt^2} + \frac{3}{2}\left(\frac{dR}{dt}\right)^2\right] = -P_0 + P_{G0}\left(\frac{R_e}{R}\right)^3 + A\sin(2\pi ft) - \frac{2\sigma_u}{R} - \frac{2E_s}{R}\left[\left(\frac{R}{R_u}\right)^2 - 1\right] - \frac{4\kappa_s}{R^2}\frac{dR}{dt} - \frac{4\mu_1}{R}\frac{dR}{dt} \tag{5-14}$$

接下来采用方程(5-14)分析计算磷脂单分子层纳米气泡的固有频率。假设气泡的极小幅振动可近似为线性振动,并设气泡半径 $R(t)=R_e+X(t)$,其中 $X(t)\ll R_e$ 为不同时刻的气泡半径增量。将 $R(t)=R_e+X(t)$ 代入式(5-14)并忽略高阶小量,即可得到线性化的气泡动力学方程为

$$\frac{A}{\rho_1 R_e}\sin(2\pi ft) = \frac{d^2X}{dt^2} + \frac{dX}{dt}\frac{1}{\rho_1 R_e^2}\left(4\mu_1 + \frac{4\kappa_s}{R_e}\right) + X\frac{1}{\rho_1 R_e^2}\left(3P_{G0} - \frac{2\sigma_u}{R_e} + \frac{R_e}{R_u}\frac{2E_s}{R_u} + \frac{2E_s}{R_e}\right) \tag{5-15}$$

由式(5-15)可得磷脂单分子层纳米气泡的共振频率为

$$f_r = \frac{1}{2\pi}\left[\frac{1}{\rho_1 R_e^2}\left(3P_{G0} - \frac{2\sigma_u}{R_e} + \frac{R_e}{R_u}\frac{2E_s}{R_u} + \frac{2E_s}{R_e}\right)\right]^{\frac{1}{2}} \tag{5-16}$$

对于方程(5-14)或方程(5-16),液体的密度 ρ_1 和黏性 μ_1,以及气泡初始半径 R_e 和内部压强 P_{G0} 皆已由分子动力学计算获得,并已整理于表 5.4 中。而气泡磷脂层的物性 σ_u、R_u、E_s 和 κ_s 则未知。

表 5.4　气泡动力学方程部分已知参数

$\rho_l/(\mathrm{kg\cdot m^{-3}})$	$\mu_l/(\mathrm{Pa\cdot s})$	R_e/nm	P_{G0}/atm
888	7.55×10^{-4}	39.1	14.2

接下来将参考 Morgan 等[200]的方法，数值求解常微分方程(5-14)，并调整模型参数使得理论预测吻合分子动力学模拟结果，以拟合出气泡磷脂层的物性参数。这里用各个时刻气泡半径的均方误差(mean square error，MSE)表征理论预测与模拟结果的偏差

$$\mathrm{MSE}=\frac{1}{N_s}\sum_{i=1}^{N_s}(R_{p,i}-R_{\mathrm{MD},i})^2 \tag{5-17}$$

其中，$R_{p,i}$ 为理论预测各个时刻的气泡半径，$R_{\mathrm{MD},i}$ 为模拟所得各个时刻的气泡半径，N_s 为采样所得数据总数。通过对 5.1 节中超声幅值 $A=5$ atm，超声频率 $f=50$ MHz 的模拟工况进行拟合，可以获取一组磷脂层物性参数(见表 5.5)，使得方程(5-14)可以较好地预测磷脂单分子层纳米气泡在极小幅振动情形的尺寸演变。这里采用 MATLAB 的刚性常微分方程求解器数值求解方程(5-14)，图 5.17 给出了解得的 $A=5$ atm 工况下气泡的尺寸演变，并与分子动力学模拟结果进行了比较。

表 5.5　气泡磷脂层物性参数

$\sigma_u/(\mathrm{N\cdot m^{-1}})$	R_u/nm	$E_s/(\mathrm{N\cdot m^{-1}})$	$\kappa_s/(\mathrm{kg\cdot s^{-1}})$
0.02	38.7	0.23	5×10^{-11}

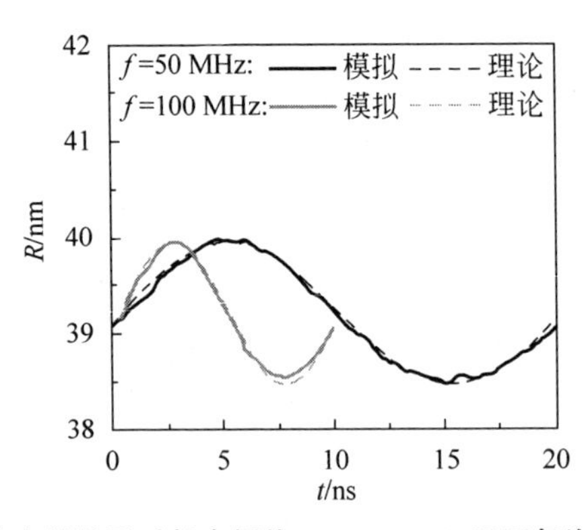

图 5.17　气泡动力学模型对超声幅值 $A=5$ atm 工况下气泡尺寸演变的预测

图 5.17 给出了超声幅值 $A=5$ atm 工况下气泡尺寸演变的理论预测结果和分子动力学模拟结果。理论预测与分子动力学模拟所得气泡最大半径 R_{max} 和最小半径 R_{min} 的相对偏差皆小于 1%，表明方程(5-14)结合表 5.5 中的磷脂层物性参数可以很好地描述磷脂单分子层纳米气泡的极小幅振动。将表 5.5 中的物性参数代入式(5-16)，可以求得磷脂单分子层纳米气泡的固有频率为 710 MPa。该固有频率远大于模拟中采用的超声频率，也远大于实验或医学诊断中通常采用的超声波频率。

Paul 等[115]指出，随着磷脂层扩展应变的增大，磷脂层会展现"应变软化"(strain softening)现象：扩展弹性系数 E_s 随扩展应变 β_s 的增大而减小。为了更好地预测气泡在更强超声幅值下(如 $A=10$ atm)的振动响应，这里采用指数函数形式

$$E_s = E_{s0}\exp(-\alpha_E\beta_s) \tag{5-18}$$

来描述磷脂层的非线性弹性。其中，E_{s0} 为磷脂层无扩展应变时的扩展弹性系数，α_E 为无量纲参数。将式(5-18)代入方程(5-14)数值求解，并对超声幅值 $A=10$ atm 的模拟工况进行拟合，可以得到 $\alpha_E=1.5$。这里拟合出的 α_E 与 Paul 等[115]的结果一致。图 5.18 给出了引入磷脂层非线性弹性的气泡动力学模型对超声幅值 $A=10$ atm 工况下气泡尺寸演变的理论预测结果。理论预测与分子动力学模拟所得气泡最大半径 R_{max} 和最小半径 R_{min} 的相对偏差皆小于 1%，表明在气泡振幅进一步增大的情况下，在方程(5-14)中引入磷脂层的非线性弹性特性可以很好地描述气泡的振动过程。

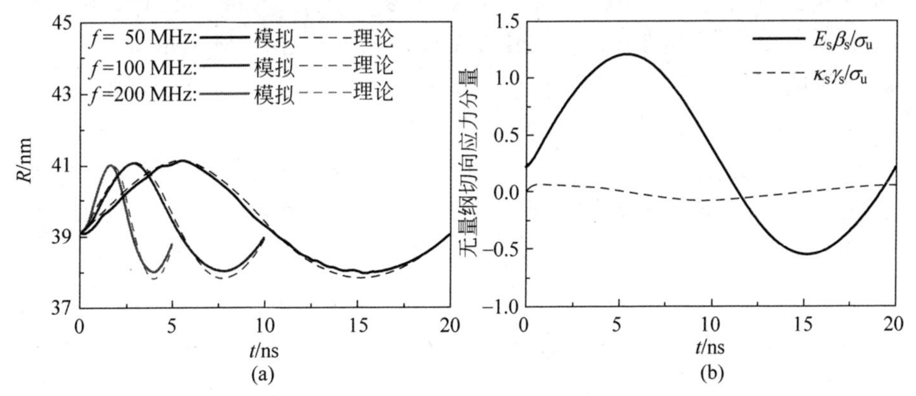

图 5.18　引入磷脂层非线性弹性的气泡动力学模型对超声幅值 $A=10$ atm 工况的预测(前附彩图)

(a) 气泡尺寸演变；(b) 无量纲切向应力分量演变

除了弹性非线性，磷脂层的扩展黏性同样有非线性特性。随着振动频率的增大，磷脂层的扩展黏性会相应减小[201]。不过由图5.18(a)可知，在超声频率50～200 MHz的范围，方程(5-14)中磷脂层扩展黏性κ_s取常数并不会给理论预测带来显著的偏差，说明磷质层扩展黏性的非线性特性不会显著影响气泡的超声响应特性。图5.18(b)给出了超声幅值$A=10$ atm，超声频率$f=50$ MHz的工况中，无量纲弹性应力$E_s\beta_s/\sigma_u$和无量纲黏性应力$\kappa_s\gamma_s/\sigma_u$随时间的演变。可以看出在气泡经历振动变形的过程中，磷脂层弹性应力有着较大变化，其值可以高于磷脂层无应变表面张力，而磷脂层黏性应力则相对小得多。相比于非线性黏性，非线性弹性的影响更大，因此这里没有在气泡动力学模型中进一步引入磷脂层的非线性黏性。

5.2.3 超声激励下气泡的大幅振动行为

在磷脂单分子层纳米气泡做大幅振动的情形下，气泡磷脂层在气泡膨胀过程中发生破裂，磷脂层弹性也随之衰减乃至失效。不同于式(5-18)描述的磷脂层"应变软化"现象，这里磷脂层的弹性失效应归因于其在较大应力应变下发生的屈服(内部产生孔洞)现象。磷脂层产生孔洞后，纳米气泡也会表现出与磷脂层完好情形截然不同的振动特性。本节在5.2.2节纳米气泡小幅振动分析的基础上，进一步分析纳米气泡的大幅振动，完善相应气泡动力学理论模型。

设磷脂层扩展应变达到β_{c1}时，磷脂层内开始产生孔洞。根据式(5-9)，此时气泡界面的等效表面张力为$\sigma_{c1}=\sigma_u+E_s(\beta_{c1})\beta_{c1}$。由5.1.4节中的模拟结果可知，磷脂层孔洞的生长演变受气泡尺寸变化和Marangoni效应的双重影响，且随着磷脂层孔洞的生长演变，磷脂层内扩展应变和扩展应力也逐步衰减，直至气泡界面等效表面张力衰减至自由气-液界面表面张力，Marangoni效应不再起作用。为了便于理论分析，这里假设磷脂层发生破裂的情形下，气泡界面等效表面张力只与磷脂层扩展应变有关，并假设等效表面张力随着磷脂层扩展应变的增大而指数衰减，即

$$\sigma_{\text{eff}}=\sigma_{c1}e^{-\alpha_R(\beta-\beta_{c1})},\quad \beta_{c1}<\beta<\beta_{c2} \tag{5-19}$$

其中，β_{c2}为气泡界面等效表面张力衰减至自由气-液界面表面张力σ_0时磷脂层对应的扩展应变，α_R为无量纲参数。当磷脂层的扩展应变大于β_{c2}时，磷脂层的弹性完全失效，气泡界面等效表面张力系数等于σ_0。综合上述分析，可以得到在磷脂单分子层纳米气泡做大幅振动、磷脂层发生破裂的情形下，气泡膨胀过程中其界面处单位长度所受切向应力为

$$\sigma_t = \begin{cases} \sigma_{c1} e^{-\alpha_R(\beta-\beta_{c1})} + \kappa_s \gamma_s, & \beta_{c1} < \beta < \beta_{c2} \\ \sigma_0 + \kappa_s \gamma_s, & \beta > \beta_{c2} \end{cases} \tag{5-20}$$

随着超声波形的演变，气泡尺寸会从膨胀逐步转变至收缩。随着气泡尺寸的缩小，磷脂层的破片也会聚拢合并，导致磷脂层孔洞缩小乃至消失。如前所述，在磷脂层破裂后，磷脂层内应变会受 Marangoni 效应驱动而不断衰减，直至磷脂层破片等效表面张力和自由气-液界面表面张力相平衡。因此，这里假设在磷脂单分子层纳米气泡做大幅振动的情形下，收缩阶段的气泡界面等效表面张力恒等于 σ_0，直至磷脂层孔洞彻底消失。假设气泡收缩过程中，磷脂层内残存应力应变维持不变，则磷脂层孔洞完全消失对应的磷脂层扩展应变 β_{c0} 应满足

$$\beta_{c0} E_s(\beta_{c0}) = \sigma_0 - \sigma_u \tag{5-21}$$

当磷脂层扩展应变小于 β_{c0} 时，磷脂层孔洞完全消失，磷脂层恢复弹性，等效表面张力用公式 $\sigma_{eff} = \sigma_u + E_s \beta_s$ 描述。结合上述分析，可以得到气泡收缩过程中，其界面处单位长度所受切向应力为

$$\sigma_t = \begin{cases} \sigma_0 + \kappa_s \gamma_s, & \beta > \beta_{c0} \\ \sigma_u + E_s(\beta)\beta + \kappa_s \gamma_s, & \beta < \beta_{c0} \end{cases} \tag{5-22}$$

将式(5-20)和式(5-22)代入方程(5-7)，即可得到描述磷脂单分子层气泡在超声照射下做大幅振动的气泡动力学方程。采用 5.2.2 节中的方法数值求解常微分方程，并调整模型参数使得理论预测吻合模拟结果，所得的气泡动力学模型参数由表 5.6 给出。磷脂层开始产生孔洞时其扩展应变约为 0.18，与 5.1.4 节的模拟结果较为一致。拟合出的自由气-液界面表面张力为 29 $mN \cdot m^{-1}$，与 MARTINI 模型的水-气界面表面张力系数 30 $mN \cdot m^{-1}$ 吻合良好[148]。

表 5.6　描述气泡大幅振动的气泡动力学模型参数

α_R	β_{c0}	β_{c1}	β_{c2}	$\sigma_0/(mN \cdot m^{-1})$
2	0.04	0.18	0.47	29

图 5.19(a)～(b)分别给出了超声幅值 $A=15$ atm 和 $A=20$ atm 工况下气泡尺寸演变的理论预测结果和分子动力学模拟结果。对于气泡经历大幅振动的情形(如 $A=15$ atm，$f=50$ MHz 的工况和 $A=20$ atm，$f=100$ MHz 的工况)，理论预测与分子动力学模拟所得气泡最大半径 R_{max} 和最小半径

$R_{\min}$ 的相对偏差皆小于 1%，表明气泡动力学模型结合表 5.5 和表 5.6 中的模型参数可以较好地描述磷脂单分子层纳米气泡在超声照射下的大幅振动。

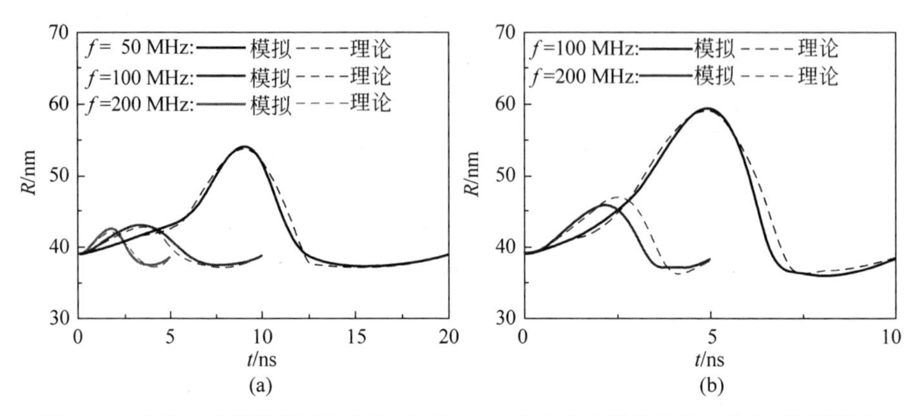

图 5.19 气泡动力学模型预测气泡尺寸演变与分子动力学模拟结果比较(前附彩图)

(a) 超声幅值 $A=15$ atm 工况；(b) 超声幅值 $A=20$ atm 工况

需要指出的是，模型中对磷脂层破裂后气泡收缩过程中的等效表面张力做了简化近似，即如果磷脂层的最大扩展应变没有达到 β_{c2}，仍假设气泡收缩过程中气泡等效表面张力等于 σ_0。这是因为磷脂层破裂后其上孔洞的演变受气泡尺寸变化和 Marangoni 效应的双重影响。即使磷脂层扩展应变不够大，Marangoni 效应也会持续驱动磷脂层内应变衰减。

5.3 本章小结

本章针对磷脂单分子层纳米气泡的稳态空化问题，开展了粗粒化分子动力学模拟。模拟对象为单层 DPPC 磷脂包覆的氮气泡，其直径约百纳米。在计算平衡态磷脂单分子层纳米气泡物性的基础上，模拟了纳米气泡在不同幅值和频率的超声照射下的稳态空化，并进一步完善了磷脂单分子层纳米气泡的气泡动力学模型，使得模型预测吻合模拟结果。

首先，采用粗粒化分子动力学模拟计算了平衡态磷脂单分子层纳米气泡的物性，揭示了气泡磷脂层对纳米气泡物性的影响。结果表明，气泡磷脂层可以减缓气泡与水环境的气体交换。DPPC 磷脂层不能完全抵消表面张力，故而气泡内部气体有着较高的压强(1 MPa 量级)和密度(10 kg・m^{-3}量级)，水环境溶解气体也为过饱和状态。即使是尺寸相同的气泡，磷脂层内部应力状态不同，气泡内部的压强等物性也会有较大差异（压强偏差可高于 1 atm）。

其次，模拟了磷脂单分子层纳米气泡在不同幅值（10 atm 量级）和频率（100 MHz 量级）的超声照射下的稳态空化。结果表明，与传统微泡造影剂相比，磷脂单层纳米气泡同样会表现出“阈值行为”；不过由于磷脂单层纳米气泡内部气体的低可压缩性，气泡没有“只收缩行为”，而表现出“只膨胀行为”。在较低强度的超声照射下，气泡磷脂层在气泡振动过程中形貌保持完好，气泡仅进行极小幅度的振动（膨胀相对振幅不超过 5%），且气泡的振动幅度几乎不受超声频率的影响；而在较高强度的超声照射下，气泡磷脂层在气泡膨胀过程中会出现破裂孔洞，气泡的振动幅度会随着超声频率的减小而急速增大。

最后，完善了磷脂单分子层纳米气泡的气泡动力学模型。对于磷脂单分子层纳米气泡的极小幅振动情形，可以将磷脂层近似视为二维线性黏弹性膜层。通过数值求解气泡动力学方程，并拟合分子动力学模拟结果，可以估算出气泡磷脂层的扩展弹性系数和扩展黏性系数等物性参数。理论预测与分子动力学模拟所得气泡最大半径 R_{max} 和最小半径 R_{min} 的相对偏差皆小于 1%。随着气泡振幅的增大，磷脂层会展现出“应变软化”特性，甚至在膨胀过程中出现破裂孔洞。磷脂层的非线性弹性相比其非线性黏性对气泡振动响应有着更显著的影响。通过在气泡动力学模型中引入相应的非线性弹性修正，理论预测与分子动力学模拟的相对偏差仍小于 1%。

第6章 总结与展望

6.1 总 结

纳米尺度空化核及其空化相关理论具有重要的科学研究价值，相应的空化应用技术也具有广阔的应用前景，引起了国内外学术界和工业界的广泛关注。本书针对含纳米颗粒液体空化初生的空化阈值、体悬浮纳米气泡特性及其稳定性机制，以及磷脂单分子层纳米气泡稳态空化的气泡动力学亟待解决的基础性关键问题，采用分子动力学模拟与理论模型分析相结合的手段开展研究，揭示了相关过程的物理力学机制。本书研究结果为纳米尺度空化核及其空化技术的相关工程应用提供了理论依据。

本书主要创新及研究结论如下：

第一，针对含纳米固体颗粒液体的空化初生问题，提出了等效空穴简化假设，改进了经典成核理论，揭示了纳米颗粒等效尺寸以及液体物性对空化阈值的定量影响，从而解释了以往空化阈值实验值和理论值的偏差。结果表明，等效半径约 5 nm 的固体颗粒即可把纯水空化阈值降低至约－30 MPa，这一发现解释了以往纯化水空化阈值实验值和理论预测值的巨大偏差。此外，纳米颗粒等效尺寸越大，空化阈值越低；等效尺寸不变，液体温度越高，空化阈值越低。进一步，对固体颗粒等效半径 1～3 nm，水温 298～500 K 的工况开展了分子动力学模拟，所得空化阈值与理论预测值吻合良好(相对偏差基本低于 5%)，从而验证了本书所建立的空化初生理论模型。

第二，针对体悬浮纳米气泡的稳定性问题，揭示了不同尺寸悬浮纳米气泡的内部和界面特性，提出了水环境溶解气体过饱和是气泡平衡的必要条件，进一步提出了气泡稳定性判据，即包含于气泡内的气体分子数量应超过溶解于水中的气体分子数量的一半。通过全原子分子动力学模拟(气泡直径数纳米)和粗粒化分子动力学模拟(气泡直径约百纳米)，获得了不同尺寸平衡态悬浮纳米气泡的内部和界面特性，结果表明纳米气泡内部有着极高的压强(1 MPa 量级)和密度(10 $kg \cdot m^{-3}$ 量级)，且内部压强随气泡尺寸的变化符合 Laplace 方程；气泡界面处有双层电荷分布，内层为正电荷，外层为负电荷，且电荷量随气泡尺寸的增大而增大；气泡界面处氢键强度变弱，气泡表面张力也因界面分子排布改变而减小；气泡水环境溶解气体为过饱和状态，且过饱和度随气泡尺寸增大而减小。在气泡特性模拟计算的基础上，进一步理论分析了悬浮纳米气泡的平衡和稳定性机制。气体扩散热力学平衡分析表明，水环境溶解气体过饱和是气泡平衡的必要条件。根据分析提出了纳米气泡稳定性判据：包含于纳米气泡内的气体分子数量应超过溶解于水中的气体分子数量的一半。

第三，针对磷脂单分子层纳米气泡的稳态空化问题，揭示了磷脂层对纳米气泡特性的影响机制和磷脂层在纳米气泡稳态空化中的演变现象，进而提出了适用于描述磷脂单分子层纳米气泡稳态空化的气泡动力学新模型。粗粒化分子动力学模拟结果表明，DPPC 磷脂层虽然能够减缓气泡与水环境的气体交换，但不能完全抵消表面张力，故而气泡内部气体有着较高的压强(1 MPa 量级)和密度(10 $kg \cdot m^{-3}$ 量级)，水环境溶解气体也为过饱和状态。即使气泡尺寸相同，如果磷脂层应力状态不同，气泡内部压强也会有较大差异。磷脂单分子层纳米气泡在超声波作用下会表现出与微泡造影剂类似的"阈值行为"，但由于内部气体的低可压缩性而没有"只收缩行为"。本书以气泡振动过程中磷脂层是否破裂为分界，分别改进磷脂气泡动力学模型，磷脂层未破裂前引入了非线性弹性修正以描述磷脂层的"应变软化"特性；磷脂层破裂后则考虑了 Marangoni 效应驱动的磷脂层应变弛豫过程，对等效表面张力做出修正。改进的磷脂纳米气泡动力学模型预测与分子动力学模拟结果吻合较好，所得气泡最大半径 R_{max} 和最小半径 R_{min} 的相对偏差皆小于 1%。

6.2 展　　望

本书采用分子动力学模拟与理论分析相结合的方法，对纳米尺度空化核及其空化领域中的一些基础性关键问题开展了研究。受到时间和研究条件的限制，所做的工作还不够完善，仍然有许多问题值得深入研究。

第一，在基于纳米固体颗粒空化初生的研究中本书提出了等效空穴简化假设，将纳米颗粒形状及表面浸润特性等影响因素用单一的空穴等效尺寸概括。这一假设简化了理论模型的推导。不过，为了将来对基于纳米颗粒的空化应用技术开展精细化调控与运用，仍有必要研究纳米颗粒形状与表面浸润特性和空穴等效尺寸的对应关系。

第二，在悬浮纳米气泡稳定性机制的研究中，受分子动力学模拟成本的限制，目前尚无法开展百纳米尺寸悬浮纳米气泡的全原子模拟，也难以精确计算对应尺寸气泡的内部和界面物性。待计算机性能和势能模型进一步发展之后，仍有必要对百纳米尺寸纳米气泡开展全原子模拟研究。

参考文献

[1] 黄继汤. 空化与空蚀的原理与应用[M]. 北京：清华大学出版社，1991.

[2] BRENNEN C E. Cavitation and bubble dynamics[M]. New York：Oxford University Press，1995.

[3] LOHSE D,SCHMITZ B,VERSLUIS M. Snapping shrimp make flashing bubbles [J]. Nature,2001,413(6855)：477-478.

[4] VERSLUIS M,SCHMITZ B,VON DER HEYDT A,et al. How snapping shrimp snap：Through cavitating bubbles[J]. Science,2000,289(5487)：2114-2117.

[5] LI S C. Tiny bubbles challenge giant turbines：Three Gorges puzzle[J]. Interface Focus,2015,5(5)：25.

[6] QIU L,ZHANG M,CHITRAKAR B,et al. Application of power ultrasound in freezing and thawing processes：Effect on process efficiency and product quality [J]. Ultrason Sonochem,2020,68：105230.

[7] AGARKOTI C,THANEKAR P D,GOGATE P R. Cavitation based treatment of industrial wastewater：A critical review focusing on mechanisms,design aspects, operating conditions and application to real effluents[J]. J Environ Manage,2021, 300：113786.

[8] 章东，郭霞生，马青玉，等. 医学超声基础[M]. 北京：科学出版社，2014.

[9] OHL C D, ARORA M, DIJKINK R, et al. Surface cleaning from laser-induced cavitation bubbles[J]. Appl Phys Lett,2006,89(7)：3.

[10] COUSSIOS C C, ROY R A. Applications of acoustics and cavitation to noninvasive therapy and drug delivery[J]. Annu Rev Fluid Mech,2008,40(1)： 395-420.

[11] ADHIKARI U,GOLIAEI A,BERKOWITZ M L. Nanobubbles,cavitation,shock waves and traumatic brain injury[J]. Phys Chem Chem Phys,2016,18(48)： 32638-32652.

[12] CAUPIN F,HERBERT E. Cavitation in water：A review[J]. C R Phys,2006, 7(9-10)：1000-1017.

[13] 刘继辉，李成海，刘雅璐，等. 空化增效高强度聚焦超声治疗研究进展[J]. 中国医学物理学杂志，2020,37(6)：758-761.

[14] SMITH M J,HO V H B,DARTON N J,et al. Effect of magnetite nanoparticle agglomerates on ultrasound induced inertial cavitation[J]. Ultrasound Med Biol,

2009,35(6): 1010-1014.

[15] JIN Q, KANG S T, CHANG Y C, et al. Inertial cavitation initiated by polytetrafluoroethylene nanoparticles under pulsed ultrasound stimulation[J]. Ultrason Sonochem,2016,32: 1-7.

[16] SHANEI A,SHANEI M M. Effect of gold nanoparticle size on acoustic cavitation using chemical dosimetry method[J]. Ultrason Sonochem,2017,34: 45-50.

[17] LI B,GU Y,CHEN M. Cavitation inception of water with solid nanoparticles: A molecular dynamics study[J]. Ultrason Sonochem,2018,51: 120-128.

[18] SABUNCU S,YILDIRIM A. Gas-stabilizing nanoparticles for ultrasound imaging and therapy of cancer[J]. Nano Converg,2021,8(1): 39.

[19] SU C H, REN X J, NIE F, et al. Current advances in ultrasound-combined nanobubbles for cancer-targeted therapy: A review of the current status and future perspectives[J]. RSC Adv,2021,11(21): 12915-12928.

[20] XIONG R H,XU R X,HUANG C B,et al. Stimuli-responsive nanobubbles for biomedical applications[J]. Chem Soc Rev,2021,50(9): 5746-5776.

[21] ZHAO Y,ZHU Y C,FU J K,et al. Effective cancer cell killing by hydrophobic nanovoid-enhanced cavitation under safe low-energy ultrasound[J]. Chem-Asian J,2014,9(3): 790-796.

[22] YILDIRIM A, SHI D, ROY S, et al. Nanoparticle-mediated acoustic cavitation enables high intensity focused ultrasound ablation without tissue heating[J]. ACS Appl Mater Interfaces,2018,10(43): 36786-36795.

[23] NINOMIYA K,NODA K,OGINO C,et al. Enhanced OH radical generation by dual-frequency ultrasound with TiO_2 nanoparticles: Its application to targeted sonodynamic therapy[J]. Ultrason Sonochem,2014,21(1): 289-294.

[24] DUAN L, YANG L, JIN J, et al. Micro/nano-bubble-assisted ultrasound to enhance the EPR effect and potential theranostic applications[J]. Theranostics, 2020,10(2): 462-483.

[25] HUSSEINI G A,PITT W G. Micelles and nanoparticles for ultrasonic drug and gene delivery[J]. Adv Drug Deliv Rev,2008,60(10): 1137-1152.

[26] BATCHELOR D V B, ABOU-SALEH R H, COLETTA P L, et al. Nested nanobubbles for ultrasound-triggered drug release[J]. ACS Appl Mater Interfaces, 2020,12(26): 29085-29093.

[27] CHENG B,BING C,XI Y,et al. Influence of nanobubble concentration on blood-brain barrier opening using focused ultrasound under real-time acoustic feedback control[J]. Ultrasound Med Biol,2019,45(8): 2174-2187.

[28] HUANG H Y, LIU H L, HSU P H, et al. A multitheragnostic nanobubble system to induce blood-brain barrier disruption with magnetically guided focused ultrasound[J]. Adv Mater,2015,27(4): 655-661.

[29] LIN W, XIE X, DENG J, et al. Cell-penetrating peptide-doxorubicin conjugate loaded NGR-modified nanobubbles for ultrasound triggered drug delivery[J]. J Drug Target, 2016, 24(2): 134-146.

[30] KWAN J J, MYERS R, COVIELLO C M, et al. Ultrasound-propelled nanocups for drug delivery[J]. Small, 2015, 11(39): 5305-5314.

[31] LUKIANOVA-HLEB E Y, KIM Y S, BELATSARKOUSKI I, et al. Intraoperative diagnostics and elimination of residual microtumours with plasmonic nanobubbles [J]. Nat Nanotechnol, 2016, 11(6): 525-532.

[32] DE LEON A, PERERA R, HERNANDEZ C, et al. Contrast enhanced ultrasound imaging by nature-inspired ultrastable echogenic nanobubbles[J]. Nanoscale, 2019, 11(33): 15647-15658.

[33] LI J, TIAN Y, SHAN D, et al. Neuropeptide Y Y1 receptor-mediated biodegradable photoluminescent nanobubbles as ultrasound contrast agents for targeted breast cancer imaging[J]. Biomaterials, 2017, 116: 106-117.

[34] PERERA R H, AL DE L, WANG X, et al. Real time ultrasound molecular imaging of prostate cancer with PSMA-targeted nanobubbles[J]. Nanomed-Nanotechnol Biol Med, 2020, 28: 102213.

[35] RAMIREZ D G, ABENOJAR E, HERNANDEZ C, et al. Contrast-enhanced ultrasound with sub-micron sized contrast agents detects insulitis in mouse models of type1 diabetes[J]. Nat Commun, 2020, 11(1): 2238.

[36] TONG H P, WANG L F, GUO Y L, et al. Preparation of protamine cationic nanobubbles and experimental study of their physical properties and in vivo contrast enhancement[J]. Ultrasound Med Biol, 2013, 39(11): 2147-2157.

[37] XING Z, WANG J, KE H, et al. The fabrication of novel nanobubble ultrasound contrast agent for potential tumor imaging [J]. Nanotechnology, 2010, 21(14): 145607.

[38] YANG H, CAI W, XU L, et al. Nanobubble-affibody: Novel ultrasound contrast agents for targeted molecular ultrasound imaging of tumor[J]. Biomaterials, 2015, 37: 279-288.

[39] YU Z, HU M, LI Z, et al. Anti-G250 nanobody-functionalized nanobubbles targeting renal cell carcinoma cells for ultrasound molecular imaging [J]. Nanotechnology, 2020, 31(20): 205101.

[40] ZHANG X, ZHENG Y, WANG Z, et al. Methotrexate-loaded PLGA nanobubbles for ultrasound imaging and synergistic targeted therapy of residual tumor during HIFU ablation[J]. Biomaterials, 2014, 35(19): 5148-5161.

[41] JU H, ROY R A, MURRAY T W. Gold nanoparticle targeted photoacoustic cavitation for potential deep tissue imaging and therapy[J]. Biomed Opt Express, 2013, 4(1): 66-76.

[42] MØRCH K A. Cavitation nuclei and tensile strength of water[C]//International Symposium on Cavitation. [S. l.]: ASME Press, 2018.

[43] MØRCH K A. Reflections on cavitation nuclei in water[J]. Phys Fluids, 2007, 19(7): 072104.

[44] ALHESHIBRI M, QIAN J, JEHANNIN M, et al. A history of nanobubbles[J]. Langmuir, 2016, 32(43): 11086-11100.

[45] EPSTEIN P S, PLESSET M S. On the stability of gas bubbles in liquid-gas solutions[J]. J Chem Phys, 1950, 18(11): 1505-1509.

[46] ZHANG L, BELOVA V, WANG H, et al. Controlled cavitation at nano/microparticle surfaces[J]. Chem Mat, 2014, 26(7): 2244-2248.

[47] ZHOU L, WANG S, ZHANG L, et al. Generation and stability of bulk nanobubbles: A review and perspective[J]. Curr Opin Colloid Interface Sci, 2021, 53: 101439.

[48] TAN B H, AN H, OHL C D. Stability of surface and bulk nanobubbles[J]. Curr Opin Colloid Interface Sci, 2021, 53: 101428.

[49] HARVEY E N, BARNES D K, MCELROY W D, et al. Bubble formation in animals Ⅰ. Physical factors[J]. J Cell Physiol, 1944, 24(1): 1-22.

[50] ATCHLEY A A, PROSPERETTI A. The crevice model of bubble nucleation[J]. J Acoust Soc Am, 1989, 86(3): 1065-1084.

[51] KWAN J J, GRAHAM S, MYERS R, et al. Ultrasound-induced inertial cavitation from gas-stabilizing nanoparticles[J]. Phys Rev E, 2015, 92(2): 023019.

[52] ANDERSEN A, MØRCH K A. Cavitation nuclei in water exposed to transient pressures[J]. J Fluid Mech, 2015, 771: 424-448.

[53] BLANDER M, KATZ J L. Bubble nucleation in liquids[J]. Aiche J, 1975, 21(5): 833-848.

[54] ZHENG Q, DURBEN D J, WOLF G H, et al. Liquids at large negative pressures: Water at the homogeneous nucleation limit[J]. Science, 1991, 254(5033): 829-832.

[55] AZOUZI M E M, RAMBOZ C, LENAIN J F, et al. A coherent picture of water at extreme negative pressure[J]. Nature Phys, 2012, 9(1): 38-41.

[56] HERBERT E, BALIBAR S, CAUPIN F. Cavitation pressure in water[J]. Phys Rev E, 2006, 74(4): 041603.

[57] GREENSPAN M, TSCHIEGG C E. Radiation-induced acoustic cavitation apparatus and some results[J]. J Res Natl Bur Stand, C, 1967, 71(4): 299-312.

[58] GU Y, LI B, CHEN M. An experimental study on the cavitation of water with effects of SiO_2 nanoparticles[J]. Exp Therm Fluid Sci, 2016, 79: 195-201.

[59] 王金照. 汽泡成核的分子动力学研究及纳米颗粒对成核的影响[D]. 北京：清华大学, 2005.

[60] MIN S H, WIJESINGHE S, BERKOWITZ M L. Enhanced cavitation and hydration crossover of stretched water in the presence of C-60[J]. J Phys Chem Lett, 2019, 10(21): 6621-6625.

[61] AGARWAL A, NG W J, LIU Y. Principle and applications of microbubble and nanobubble technology for water treatment [J]. Chemosphere, 2011, 84 (9): 1175-1180.

[62] ZHU J, AN H, ALHESHIBRI M, et al. Cleaning with bulk nanobubbles[J]. Langmuir, 2016, 32(43): 11203-11211.

[63] ISHIDA N, INOUE T, MIYAHARA M, et al. Nano bubbles on a hydrophobic surface in water observed by tapping-mode atomic force microscopy [J]. Langmuir, 2000, 16(16): 6377-6380.

[64] SUN Y J, XIE G Y, PENG Y L, et al. Stability theories of nanobubbles at solid-liquid interface: A review[J]. Colloid Surf A-Physicochem Eng Asp, 2016, 495: 176-186.

[65] ZHOU L, WANG X, SHIN H J, et al. Ultrahigh density of gas molecules confined in surface nanobubbles in ambient water[J]. J Am Chem Soc, 2020, 142(12): 5583-5593.

[66] LIU Y, ZHANG X. A unified mechanism for the stability of surface nanobubbles: Contact line pinning and supersaturation[J]. J Chem Phys, 2014, 141(13): 134702.

[67] WANG Y, LI X, REN S, et al. Entrapment of interfacial nanobubbles on nano-structured surfaces[J]. Soft Matter, 2017, 13(32): 5381-5388.

[68] WEIJS J H, LOHSE D. Why surface nanobubbles live for hours[J]. Phys Rev Lett, 2013, 110(5): 054501.

[69] MAHESHWARI S, VAN DER HOEF M, ZHANG X, et al. Stability of surface nanobubbles: A molecular dynamics study[J]. Langmuir, 2016, 32(43): 11116-11122.

[70] LOHSE D, ZHANG X H. Pinning and gas oversaturation imply stable single surface nanobubbles[J]. Phys Rev E, 2015, 91(3): 031003.

[71] JOHNSON B D, COOKE R C. Generation of stabilized microbubbles in seawater [J]. Science, 1981, 213(4504): 209-211.

[72] KIM J Y, SONG M G, KIM J D. Zeta potential of nanobubbles generated by ultrasonication in aqueous alkyl polyglycoside solutions [J]. J Colloid Interface Sci, 2000, 223(2): 285-291.

[73] USHIKUBO F Y, FURUKAWA T, NAKAGAWA R, et al. Evidence of the existence and the stability of nano-bubbles in water[J]. Colloid Surf A-Physicochem Eng Asp, 2010, 361(1-3): 31-37.

[74] MICHAILIDI E D, BOMIS G, VAROUTOGLOU A, et al. Bulk nanobubbles: Production and investigation of their formation/stability mechanism[J]. J Colloid Interface Sci, 2020, 564: 371-380.

[75] OH S H,KIM J M. Generation and stability of bulk nanobubbles[J]. Langmuir, 2017,33(15): 3818-3823.

[76] YASUDA K, MATSUSHIMA H, ASAKURA Y. Generation and reduction of bulk nanobubbles by ultrasonic irradiation[J]. Chem Eng Sci,2019,195: 455-461.

[77] CHEN C S,LI J,ZHANG X R. The existence and stability of bulk nanobubbles: A long-standing dispute on the experimentally observed mesoscopic inhomogeneities in aqueous solutions[J]. Commun Theor Phys,2020,72(3): 037601.

[78] OHGAKI K, KHANH N Q, JODEN Y, et al. Physicochemical approach to nanobubble solutions[J]. Chem Eng Sci,2010,65(3): 1296-1300.

[79] BUNKIN N F,SHKIRIN A V,IGNATIEV P S,et al. Nanobubble clusters of dissolved gas in aqueous solutions of electrolyte. Ⅰ. Experimental proof[J]. J Chem Phys,2012,137(5): 10.

[80] KOBAYASHI H,MAEDA S,KASHIWA M,et al. Measurement and identification of ultrafine bubbles by resonant mass measurement method [C]//International Conference on Optical Particle Characterization. [S. l.]: SPIE,2014.

[81] NIRMALKAR N,PACEK A W,BARIGOU M. On the existence and stability of bulk nanobubbles[J]. Langmuir,2018,34(37): 10964-10973.

[82] JADHAV A J,BARIGOU M. Bulk nanobubbles or not nanobubbles: That is the question[J]. Langmuir,2020,36(7): 1699-1708.

[83] KE S,XIAO W,QUAN N N,et al. Formation and stability of bulk nanobubbles in different solutions[J]. Langmuir,2019,35(15): 5250-5256.

[84] JIN J, WANG R, TANG J, et al. Dynamic tracking of bulk nanobubbles from microbubbles shrinkage to collapse[J]. Colloid Surf A-Physicochem Eng Asp, 2020,589: 124430.

[85] ZHANG L J,CHEN H,LI Z X,et al. Long lifetime of nanobubbles due to high inner density[J]. Sci China Ser G-Phys Mech Astron,2008,51(2): 219-224.

[86] YASUI K,TUZIUTI T,KANEMATSU W,et al. Dynamic equilibrium model for a bulk nanobubble and a microbubble partly covered with hydrophobic material [J]. Langmuir,2016,32(43): 11101-11110.

[87] ALHESHIBRI M,CRAIG V S J. Armoured nanobubbles; ultrasound contrast agents under pressure[J]. J Colloid Interface Sci,2019,537: 123-131.

[88] KIM E,CHOE J K,KIM B H,et al. Unraveling the mystery of ultrafine bubbles: Establishment of thermodynamic equilibrium for sub-micron bubbles and its implications[J]. J Colloid Interface Sci,2020,570: 173-181.

[89] YURCHENKO S O, SHKIRIN A V, NINHAM B W, et al. Ion-specific and thermal effects in the stabilization of the gas nanobubble phase in bulk aqueous electrolyte solutions[J]. Langmuir,2016,32(43): 11245-11255.

[90] NIRMALKAR N,PACEK A W,BARIGOU M. Interpreting the interfacial and

colloidal stability of bulk nanobubbles[J]. Soft Matter,2018,14(47): 9643-9656.

[91] TAN B H,AN H J,OHL C D. How bulk nanobubbles might survive[J]. Phys Rev Lett,2020,124(13): 134503.

[92] ZHANG H G,GUO Z J,ZHANG X R. Surface enrichment of ions leads to the stability of bulk nanobubbles[J]. Soft Matter,2020,16(23): 5470-5477.

[93] JIN J, FENG Z Q, YANG F, et al. Bulk nanobubbles fabricated by repeated compression of microbubbles[J]. Langmuir,2019,35(12): 4238-4245.

[94] GHAANI M R,KUSALIK P G,ENGLISH N J. Massive generation of metastable bulk nanobubbles in water by external electric fields[J]. Sci Adv,2020,6(14): eaaz0094.

[95] YAMAMOTO T,OHNISHI S. Molecular dynamics study on helium nanobubbles in water[J]. Phys Chem Chem Phys,2011,13(36): 16142-16145.

[96] WEIJS J H, SEDDON J R T, LOHSE D. Diffusive shielding stabilizes bulk nanobubble clusters[J]. ChemPhysChem,2012,13(8): 2197-2204.

[97] ZHANG M,TU Y S,FANG H P. Concentration of nitrogen molecules needed by nitrogen nanobubbles existing in bulk water[J]. Appl Math Mech-Engl Ed,2013, 34(12): 1433-1438.

[98] GRAMIAK R, SHAH P M. Echocardiography of the aortic root[J]. Invest Radiol,1968,3(5): 356-366.

[99] KLIBANOV A L. Targeted delivery of gas-filled microspheres, contrast agents for ultrasound imaging[J]. Adv Drug Deliv Rev,1999,37(1-3): 139-157.

[100] FRINKING P,SEGERS T,LUAN Y,et al. Three decades of ultrasound contrast agents: A review of the past,present and future improvements[J]. Ultrasound Med Biol,2020,46(4): 892-908.

[101] HOBBS S K,MONSKY W L,YUAN F,et al. Regulation of transport pathways in tumor vessels: Role of tumor type and microenvironment[J]. Proc Natl Acad Sci,1998,95(8): 4607-4612.

[102] DE JONG N,CORNET R,LANCEE C T. Higher harmonics of vibrating gas-filled microspheres. Part one: Simulations[J]. Ultrasonics, 1994, 32(6): 447-453.

[103] DE JONG N, HOFF L. Ultrasound scattering properties of Albunex microspheres [J]. Ultrasonics,1993,31(3): 175-181.

[104] DE JONG N,HOFF L,SKOTLAND T,et al. Absorption and scatter of encapsulated gas filled microspheres: Theoretical considerations and some measurements[J]. Ultrasonics,1992,30(2): 95-103.

[105] PLESSET M S. The dynamics of cavitation bubbles[J]. J Appl Mech, 1949, 16(3): 277-282.

[106] CHURCH C C. The effects of an elastic solid-surface layer on the radial pulsations of

gas-bubbles[J]. J Acoust Soc Am,1995,97(3): 1510-1521.

[107] HOFF L,SONTUM P C,HOVEM J M. Oscillations of polymeric microbubbles: Effect of the encapsulating shell[J]. J Acoust Soc Am,2000,107(4): 2272-2280.

[108] FAEZ T,EMMER M,KOOIMAN K,et al. 20 years of ultrasound contrast agent modeling[J]. IEEE Trans Ultrason Ferroelectr Freq Control,2013,60(1): 7-20.

[109] CHATTERJEE D, SARKAR K. A Newtonian rheological model for the interface of microbubble contrast agents[J]. Ultrasound Med Biol,2003,29(12): 1749-1757.

[110] SARKAR K,SHI W T,CHATTERJEE D,et al. Characterization of ultrasound contrast microbubbles using in vitro experiments and viscous and viscoelastic interface models for encapsulation[J]. J Acoust Soc Am, 2005, 118(1): 539-550.

[111] MARMOTTANT P,VAN DER MEER S,EMMER M,et al. A model for large amplitude oscillations of coated bubbles accounting for buckling and rupture[J]. J Acoust Soc Am,2005,118(6): 3499-3505.

[112] EMMER M,VAN WAMEL A,GOERTZ D E,et al. The onset of microbubble vibration[J]. Ultrasound Med Biol,2007,33(6): 941-949.

[113] DE JONG N,EMMER M,CHIN C T,et al. "Compression-only" behavior of phospholipid-coated contrast bubbles[J]. Ultrasound Med Biol, 2007, 33(4): 653-656.

[114] SIJL J,OVERVELDE M,DOLLET B,et al. "Compression-only" behavior: A second-order nonlinear response of ultrasound contrast agent microbubbles[J]. J Acoust Soc Am,2011,129(4): 1729-1739.

[115] PAUL S, KATIYAR A, SARKAR K, et al. Material characterization of the encapsulation of an ultrasound contrast microbubble and its subharmonic response: Strain-softening interfacial elasticity model[J]. J Acoust Soc Am,2010,127(6): 3846-3857.

[116] DOINIKOV A A,HAAC J F,DAYTON P A. Modeling of nonlinear viscous stress in encapsulating shells of lipid-coated contrast agent microbubbles[J]. Ultrasonics,2009,49(2): 269-275.

[117] LI Q,MATULA T J,TU J,et al. Modeling complicated rheological behaviors in encapsulating shells of lipid-coated microbubbles accounting for nonlinear changes of both shell viscosity and elasticity[J]. Phys Med Biol,2013,58(4): 985-998.

[118] PELLOW C,ACCONCIA C,ZHENG G,et al. Threshold-dependent nonlinear scattering from porphyrin nanobubbles for vascular and extravascular applications[J]. Phys Med Biol,2018,63(21): 215001.

[119] JAFARI SOJAHROOD A,DE LEON A C,LEE R,et al. Toward precisely

controllable acoustic response of shell-stabilized nanobubbles: High yield and narrow dispersity[J]. ACS Nano,2021,15(3): 4901-4915.

[120] ALLEN M P,TILDESLEY D J. Computer simulation of liquids[M]. Oxford: Oxford University Press,2017.

[121] HUMPHREY W,DALKE A,SCHULTEN K. VMD: Visual molecular dynamics [J]. J Mol Graph,1996,14(1): 33-38.

[122] THOMPSON A P,AKTULGA H M,BERGER R,et al. LAMMPS-a flexible simulation tool for particle-based materials modeling at the atomic,meso,and continuum scales[J]. Comput Phys Commun,2022,271: 108171.

[123] PLIMPTON S. Fast parallel algorithms for short-range molecular-dynamics[J]. J Chem Phys,1995,117(1): 1-19.

[124] SWOPE W C,ANDERSEN H C,BERENS P H,et al. A computer simulation method for the calculation of equilibrium constants for the formation of physical clusters of molecules: Application to small water clusters[J]. J Chem Phys, 1982,76(1): 637-649.

[125] MARCHIO S, MELONI S, GIACOMELLO A, et al. Pressure control in interfacial systems: Atomistic simulations of vapor nucleation[J]. J Chem Phys, 2018,148(6): 064706.

[126] NOSE S. A unified formulation of the constant temperature molecular dynamics methods[J]. J Chem Phys,1984,81(1): 511-519.

[127] HOOVER W G. Canonical dynamics: Equilibrium phase-space distributions[J]. Phys Rev A,1985,31(3): 1695-1697.

[128] BERENDSEN H J C, POSTMA J P M, VAN GUNSTEREN W F, et al. Molecular dynamics with coupling to an external bath[J]. J Chem Phys,1984, 81(8): 3684-3690.

[129] 陈正隆,徐为人,汤立达.分子模拟的理论与实践[M].北京: 化学工业出版社,2007.

[130] MARTYNA G J, TOBIAS D J, KLEIN M L. Constant pressure molecular dynamics algorithms[J]. J Chem Phys,1994,101(5): 4177-4189.

[131] HOOVER W G. Constant-pressure equations of motion[J]. Phys Rev A,1986, 34(3): 2499-2500.

[132] LIN Y, PAN D, LI J, et al. Application of Berendsen barostat in dissipative particle dynamics for nonequilibrium dynamic simulation[J]. J Chem Phys, 2017,146(12): 124108.

[133] LIN C,MAXEY M,LI Z,et al. A seamless multiscale operator neural network for inferring bubble dynamics[J]. J Fluid Mech,2021,929: A18.

[134] LIN C, LI Z, LU L, et al. Operator learning for predicting multiscale bubble growth dynamics[J]. J Chem Phys,2021,154(10): 104118.

[135] AMABILI M,GROSU Y,GIACOMELLO A,et al. Pore morphology determines spontaneous liquid extrusion from nanopores[J]. ACS Nano,2019,13(2): 1728-1738.

[136] HE X,SHINODA W,DEVANE R,et al. Exploring the utility of coarse-grained water models for computational studies of interfacial systems[J]. Mol Phys, 2010,108(15): 2007-2020.

[137] VEGA C,ABASCAL J L. Simulating water with rigid non-polarizable models: A general perspective[J]. Phys Chem Chem Phys,2011,13(44): 19663-19688.

[138] JORGENSEN W L,CHANDRASEKHAR J,MADURA J D,et al. Comparison of simple potential functions for simulating liquid water[J]. J Chem Phys,1983, 79(2): 926-935.

[139] BERENDSEN H J C,GRIGERA J R,STRAATSMA T P. The missing term in effective pair potentials[J]. J Phys Chem,1987,91(24): 6269-6271.

[140] ABASCAL J L,VEGA C. A general purpose model for the condensed phases of water: TIP4P/2005[J]. J Chem Phys,2005,123(23): 234505.

[141] MAHONEY M W,JORGENSEN W L. A five-site model for liquid water and the reproduction of the density anomaly by rigid, nonpolarizable potential functions[J]. J Chem Phys,2000,112(20): 8910-8922.

[142] PATHIRANNAHALAGE S P K, MEFTAHI N, ELBOURNE A, et al. Systematic comparison of the structural and dynamic properties of commonly used water models for molecular dynamics simulations[J]. J Chem Inf Model, 2021,61(9): 4521-4536.

[143] GONZALEZ M A, ABASCAL J L. The shear viscosity of rigid water models [J]. J Chem Phys,2010,132(9): 096101.

[144] TSIMPANOGIANNIS I N, MOULTOS O A, FRANCO L F M, et al. Self-diffusion coefficient of bulk and confined water: A critical review of classical molecular simulation studies[J]. Mol Simul,2019,45(4-5): 425-453.

[145] VEGA C,DE MIGUEL E. Surface tension of the most popular models of water by using the test-area simulation method[J]. J Chem Phys,2007,126(15): 154707.

[146] ALEJANDRE J,CHAPELA G A. The surface tension of TIP4P/2005 water model using the Ewald sums for the dispersion interactions[J]. J Chem Phys, 2010,132(1): 014701.

[147] MARRINK S J, DE VRIES A H, MARK A E. Coarse grained model for semiquantitative lipid simulations[J]. J Phys Chem B,2004,108(2): 750-760.

[148] MARRINK S J, RISSELADA H J, YEFIMOV S, et al. The MARTINI force field: Coarse grained model for biomolecular simulations[J]. J Phys Chem B, 2007,111(27): 7812-7824.

[149] FU H,COMER J,CAI W,et al. Sonoporation at small and large length scales:

Effect of cavitation bubble collapse on membranes[J]. J Phys Chem Lett,2015, 6(3): 413-418.

[150] GOLIAEI A, ADHIKARI U, BERKOWITZ M L. Opening of the blood-brain barrier tight junction due to shock wave induced bubble collapse: A molecular dynamics simulation study[J]. ACS Chem Neurosci,2015,6(8): 1296-1301.

[151] NAN N, SI D Q, HU G H. Nanoscale cavitation in perforation of cellular membrane by shock-wave induced nanobubble collapse[J]. J Chem Phys,2018, 149(7): 074902.

[152] SANTO K P, BERKOWITZ M L. Shock wave induced collapse of arrays of nanobubbles located next to a lipid membrane: Coarse-grained computer simulations[J]. J Phys Chem B,2015,119(29): 8879-8889.

[153] SUN D, LIN X, ZHANG Z, et al. Impact of shock-induced lipid nanobubble collapse on a phospholipid membrane[J]. J Phys Chem C, 2016, 120(33): 18803-18810.

[154] WEI T, GU L, ZHOU M, et al. Impact of shock-induced cavitation bubble collapse on the damage of cell membranes with different lipid peroxidation levels [J]. J Phys Chem B,2021,125(25): 6912-6920.

[155] MARRINK S J, TIELEMAN D P. Perspective on the Martini model[J]. Chem Soc Rev,2013,42(16): 6801-6822.

[156] WANG Y, GKEKA P, FUCHS J E, et al. DPPC-cholesterol phase diagram using coarse-grained molecular dynamics simulations[J]. Biochim Biophys Acta-Biomembr,2016,1858(11): 2846-2857.

[157] WU D, YANG X N. Coarse-grained molecular simulation of self-assembly for nonionic surfactants on graphene nanostructures[J]. J Phys Chem B, 2012, 116(39): 12048-12056.

[158] ERIMBAN S, DASCHAKRABORTY S. Cryostabilization of the cell membrane of a psychrotolerant bacteria via homeoviscous adaptation[J]. J Phys Chem Lett,2020,11(18): 7709-7716.

[159] LIN X, TIAN F, MARRINK S J. Martini coarse-grained nitrogen gas model for lipid nanobubble simulations[J]. ChemRxiv,2021.

[160] VOLMER M, WEBER A. Nucleus formation in supersaturated systems[J]. Z Physik Chem,1926,119: 277-301.

[161] FARKAS L. The velocity of nucleus formation in supersaturated vapors[J]. Z Physik Chem,1927,125: 236-242.

[162] ZELDOVICH Y B. On the theory of new phase formation: Cavitation[J]. Acta Physico Chim URSS,1943,18: 1.

[163] OXTOBY D W, EVANS R. Nonclassical nucleation theory for the gas-liquid transition[J]. J Chem Phys,1988,89(12): 7521-7530.

[164] SHEN V K, DEBENEDETTI P G. A kinetic theory of homogeneous bubble nucleation[J]. J Chem Phys, 2003, 118(2): 768-783.

[165] DEBENEDETTI P G. Metastable liquids: Concepts and principles[M]. New Jersey: Princeton University Press, 1996.

[166] CAUPIN F, ARVENGAS A, DAVITT K, et al. Exploring water and other liquids at negative pressure[J]. J Phys Condens Matter, 2012, 24(28): 284110.

[167] RAYLEIGH. On the pressure developed in a liquid during the collapse of a spherical cavity[J]. Philos Mag, 1917, 34: 94-98.

[168] LUGLI F, HOFINGER S, ZERBETTO F. The collapse of nanobubbles in water [J]. J Am Chem Soc, 2005, 127(22): 8020-8021.

[169] HOLYST R, LITNIEWSKI M, GARSTECKI P. Large-scale molecular dynamics verification of the Rayleigh-Plesset approximation for collapse of nanobubbles [J]. Phys Rev E Stat Nonlin Soft Matter Phys, 2010, 82(6): 066309.

[170] DZUBIELLA J. Interface dynamics of microscopic cavities in water[J]. J Chem Phys, 2007, 126(19): 194504.

[171] BASS A, RUUTH S J, CAMARA C, et al. Molecular dynamics of extreme mass segregation in a rapidly collapsing bubble[J]. Phys Rev Lett, 2008, 101(23): 234301.

[172] MAN V H, LI M S, DERREUMAUX P, et al. Rayleigh-Plesset equation of the bubble stable cavitation in water: A nonequilibrium all-atom molecular dynamics simulation study[J]. J Chem Phys, 2018, 148(9): 094505.

[173] MENZL G, GONZALEZ M A, GEIGER P, et al. Molecular mechanism for cavitation in water under tension[J]. Proc Natl Acad Sci, 2016, 113(48): 13582-13587.

[174] ABASCAL J L, GONZALEZ M A, ARAGONES J L, et al. Homogeneous bubble nucleation in water at negative pressure: A Voronoi polyhedra analysis [J]. J Chem Phys, 2013, 138(8): 084508.

[175] CAI Y, WU H A, LUO S N. Cavitation in a metallic liquid: Homogeneous nucleation and growth of nanovoids[J]. J Chem Phys, 2014, 140(21): 214317.

[176] OKUMURA H, ITOH S G. Amyloid fibril disruption by ultrasonic cavitation: Nonequilibrium molecular dynamics simulations[J]. J Am Chem Soc, 2014, 136(30): 10549-10552.

[177] CASSIE A B D, BAXTER S. Wettability of porous surfaces[J]. Trans Faraday Soc, 1944, 40: 546-551.

[178] CHECCO A, HOFMANN T, DIMASI E, et al. Morphology of air nanobubbles trapped at hydrophobic nanopatterned surfaces[J]. Nano Lett, 2010, 10(4): 1354-1358.

[179] JOSWIAK M N, DUFF N, DOHERTY M F, et al. Size-dependent surface free energy and Tolman-corrected droplet nucleation of TIP4P/2005 water[J]. J

Phys Chem Lett,2013,4(24): 4267-4272.

[180] TOLMAN R C. The effect of droplet size on surface tension[J]. J Chem Phys, 1949,17(3): 333-337.

[181] JOSWIAK M N, DO R, DOHERTY M F, et al. Energetic and entropic components of the Tolman length for mW and TIP4P/2005 water nanodroplets [J]. J Chem Phys,2016,145(20): 204703.

[182] EASTWOOD J W, HOCKNEY R W, LAWRENCE D N. P3M3DP-The three-dimensional periodic particle-particle particle-mesh program[J]. Comput Phys Commun,1980,19(2): 215-261.

[183] MARTINEZ L, ANDRADE R, BIRGIN E G, et al. PACKMOL: A package for building initial configurations for molecular dynamics simulations[J]. J Comput Chem,2009,30(13): 2157-2164.

[184] SHI X N, XUE S, MARHABA T, et al. Probing internal pressures and long-term stability of nanobubbles in water[J]. Langmuir,2021,37(7): 2514-2522.

[185] JEWETT A I, STELTER D, LAMBERT J, et al. Moltemplate: A tool for coarse-grained modeling of complex biological matter and soft condensed matter physics[J]. J Mol Biol,2021,433(11): 166841.

[186] THOMPSON S M, GUBBINS K E, WALTON J, et al. A molecular dynamics study of liquid drops[J]. J Chem Phys,1984,81(1): 530-542.

[187] TEN WOLDE P R, FRENKEL D. Computer simulation study of gas-liquid nucleation in a Lennard-Jones system[J]. J Chem Phys,1998,109(22): 9901-9918.

[188] HARASIMA A. Molecular theory of surface tension[J]. Adv Chem Phys,1958, 1: 203-237.

[189] IRVING J H, KIRKWOOD J G. The statistical mechanical theory of transport processes. Ⅳ. The equations of hydrodynamics[J]. J Chem Phys,1950,18(6): 817-829.

[190] YESUDASAN S. Thin film pressure estimation of argon and water using LAMMPS [J]. Int J Eng,2019,12(1): 1-10.

[191] KUMAR R, SCHMIDT J R, SKINNER J L. Hydrogen bonding definitions and dynamics in liquid water[J]. J Chem Phys,2007,126(20): 204107.

[192] LUZAR A, CHANDLER D. Hydrogen-bond kinetics in liquid water[J]. Nature, 1996,379(6560): 55-57.

[193] MAYO S L, OLAFSON B D, GODDARD W A. Dreiding: A generic force-field for molecular simulations[J]. J Phys Chem 1990,94(26): 8897-8909.

[194] TAKAHASHI M. Potential of microbubbles in aqueous solutions: Electrical properties of the gas-water interface[J]. Journal of Physical Chemistry B,2005, 109(46): 21858-21864.

[195] CHO S H, KIM J Y, CHUN J H, et al. Ultrasonic formation of nanobubbles and

their zeta-potentials in aqueous electrolyte and surfactant solutions[J]. Colloid Surf A-Physicochem Eng Asp,2005,269(1-3): 28-34.

[196] SOKHAN V P,TILDESLEY D J. The free surface of water: Molecular orientation, surface potential and nonlinear susceptibility[J]. Mol Phys, 1997, 92(4): 625-640.

[197] NIRMALKAR N,PACEK A W,BARIGOU M. Bulk nanobubbles from acoustically cavitated aqueous organic solvent mixtures[J]. Langmuir, 2019, 35(6): 2188-2195.

[198] LI M B,MA X T,EISENER J,et al. How bulk nanobubbles are stable over a wide range of temperatures[J]. J Colloid Interface Sci,2021,596: 184-198.

[199] MORTENSEN K I, FLYVBJERG H, PEDERSEN J N. Confined brownian motion tracked with motion blur: Estimating diffusion coefficient and size of confining space[J]. Front Phys,2021,8: 583202.

[200] MORGAN K E,ALLEN J S,DAYTON P A,et al. Experimental and theoretical evaluation of microbubble behavior: Effect of transmitted phase and bubble size [J]. IEEE Trans Ultrason Ferroelectr Freq Control,2000,47(6): 1494-1509.

[201] VRÂNCEANU M, WINKLER K, NIRSCHL H, et al. Surface rheology of monolayers of phospholipids and cholesterol measured with axisymmetric drop shape analysis[J]. Colloid Surf A-Physicochem Eng Asp, 2007, 311(1-3): 140-153.

在学期间完成的相关学术成果

学术论文：

[1] Gao Z,Wu W X,Wang B. The effects of nanoscale nuclei on cavitation[J]. Journal of Fluid Mechanics,2021,991：A20.

[2] Gao Z,Wu W X,Sun W T,Wang B. Understanding the stabilization of a bulk nanobubble：A molecular dynamics analysis[J]. Langmuir,2021,37(38)：11281-11291.

[3] Gao Z,Wang B. A molecular dynamics study and classical nucleation theory analysis on heterogeneous cavitation[C]//10th ICMF. Rio de Janeiro,Brazil：[s. n.],2019.

[4] 高瞻,王兵. 悬浮纳米气泡稳定性的分子动力学研究[C]//第十一届全国流体力学会议. 深圳,中国：中国力学学会,2020.

[5] Gao Z,Wang B. Can the Rayleigh-Plesset equation describe nanoscale bubbles dynamics[C]//1st BICTAM-CISM. Beijing,China：[s. n.],2021.

[6] Gao Z,Wang B. Numerical study of planar shock interacting with cylindrical water column considering cavitation effects[C]//25th ICTAM. Milan,Italy：[s. n.],2021.

[7] 高瞻,王兵. 磷脂单层纳米气泡超声响应的分子动力学模拟研究[C]//第十二届全国流体力学会议. 西安,中国：中国力学学会,2022.

[8] Gao Z,Sun W T,Wang B. Molecular dynamics study on accommodation coefficients for rarefied gas and rough surface[C]//9th AJWTF. Utsunomiya,Japan：[s. n.],2022.

致　谢

本书是在我的导师王兵教授的耐心指导和悉心关怀下完成的。在本书结束之际，我想借此机会感谢帮助过我、支持过我的人。

感谢我的导师王兵教授，王老师的言传身教使我受益匪浅。王老师有着开阔敏锐的科研思路，力争一流的学术品位，废寝忘食的工作精神，亲切真诚的指导风格，因材施教的教育理念。从选题、研究开展，到成果发表，皆离不开王老师的关心与指导。值此完稿之际，对王老师表示衷心感谢。

感谢张会强教授，郭印诚副教授，黄伟希教授，孙超教授，姚朝晖教授，赵立豪副教授，吴子牛教授，王一伟研究员和侯凌云研究员给予的指导。

感谢喷雾燃烧与推进实验室的吴汪霞、姜冠宇等师兄弟及师姐妹的帮助。

感谢父母的养育与支持；感谢刘女士的陪伴与鼓励，长路漫漫，执手芳华。

本课题承蒙国家自然科学基金（No. 51676111，U1730104）资助，特此致谢。